KB078811

부모-자녀 함께 성장하는

가정 내 특별놀이

본문 삽화는 전작 《30분 놀이의 기적》에서 함께해 주신
김은주 선생님이 도와주셨습니다.

부모-자녀 함께 성장하는
가정 내 특별놀이

초판 1쇄 발행 2024년 5월 31일

지은이 배선미
펴낸이 이기봉
편집 좋은땅 편집팀
펴낸곳 도서출판 좋은땅
주소 서울특별시 마포구 양화로12길 26 지월드빌딩 (서교동 395-7)
전화 02)374-8616~7
팩스 02)374-8614
이메일 gworldbook@naver.com
홈페이지 www.g-world.co.kr

ISBN 979-11-388-3182-6 (03590)

양육자를 위한 워크북

부모-자녀 함께 성장하는
가정 내 특별놀이

배선미 지음

좋은땅

지은이의 말

이 책을 선택하신 분들은 대부분 부모일 가능성이 높을 것이라 생각된다. 부모가 되기로 결심하여 계획적으로 부모가 된 사람, 어쩌다 보니 부모가 된 사람일 수도 있다. 필자는 난임으로 인하여 어쩌다 보니 계획적으로 부모가 된 사람에 속한다. 부모라는 이름이, 아이를 통해 내게 엄마라고 불렀을 때의 그 감동은 모든 책임을 떠안아도 될 만큼의 무게보다 훨씬 더 컸던 것 같다. 25년이 흐른 지금도 아이가 '엄마'라고 부르면 마음이 몽글몽글해진다. 처음 부모가 되었을 때는 모든 것이 낯설고 미숙한 것투성이에 이전까지는 제 잘난 맛으로 살아왔던 사람이 하나씩 하나씩 공부하고 습득하며 엄마로서의 모양새를 갖춰 가며 제 것으로 만들어 가는 과정은 이 세상 그 무엇보다 지리했고, 감정의 격변을 겪는 날들도 허다하였다. 그 무엇보다 아이에게 실행한 것들이 과연 올바르게 실행하였는지 그 결과를 단박에 알 수 없어, '언제까지 이렇게 살아야 하지?', '도대체 이 육아의 끝은 어디일까?'라는 질문을 수도 없이 되뇌었다.

부모교육과 상담, 코칭을 통해 만나는 부모들의 공통적인 고뇌도 필자가 육아하던 그 시절과 크게 다르지 않다. 필자가 아이를 기르던 시절은 온전히 혼자만의 육아일 수밖에 없었다. 모두가 바빴고, 국가 시스템 또한 육아를 지원해 주는 서비스가 거의 전무하던 시기였으니 매일 육아서적을 바이블처럼 끼고 뒤적이며, EBS 부모 채널을 찾아보고 적용해 보며 부모로서 엄마로서 갖추어야 할 태도를 몸에 익혀 나갔다. 그렇게 매일매일 부모로서 성장하기 위해 노력해 보니 어느덧 부모란 어떠해야 하는가에 대한 답을 어느 수준까지는 스스로 찾을 수 있게 된 것 같다.

육아를 하면서 자신과 배우자의 양육에 대한 이해 정도에 따른 양육태도, 가치관, 성장해 온 가족 문화적 배경, 성향 등의 다름으로 인한 갈등을 겪기도 하였다. 아이 하나 기르는 데 이 많은 것들이, 내 인생 모든 것이 연관된다는 것이 놀랍고 충격적이기도 하였다. '어떻게 해야 나의 미숙함, 미해결된 과제, 결핍 등이 내 아이에게 전이되지 않을까, 나의 무엇이 변해야 될까, 이미 지나간 나의 과거를 뒤바꿀 수도 없는데…'라는 막막함과 자괴감이 일기도 하였다. '천성적으로 겁이 많고 불안도가 높은 내가 과연 엄마로서 이 아이를 단단하게 키울 수 있을까?'라는 물음에 대한 스스로의 답을 찾기 위해 나 자신이 아닌, 엄마로서 부모로서 할 수 있는 것을 해 보자 결심하였다. 이렇게 결심하고 실행하기까지 쉽지 않은 도전들이었지만 최소한 평범한 아이로 이 세상을 살아가도록 하자는 목표로 사람들과 어울릴 수 있는 자리를 자주 마련하고, 그 안에서 양보와 배려를 자연스럽게 익히도록 하였다. 시간이 흘러 아이는 평범한 아이로 잘 자라 주었다. 주변에 너무 양보하고 배려하여 좋은 아이라는 평을 받아서 가끔은 또 내 마음속 부모로서의 더 큰 욕심이 일곤 하지만 그래도 필자가 목표로 하였던 부모로는 성공한 셈이다.

아이를 양육하면서 '어떻게 놀아 주어야 하나'라는 고민을 정말 많이 하였다. 어린 시절부터 노는 것에 익숙하지 않아 그저 조용히 책이나 보고, 언니, 오빠들 하는 것만 지켜보던 내가 남자아이를 키우면서 이 아이에 맞는 놀이는 무엇일까를 찾아보고 적용해 보았다. 운동화 끈을 단단히 묶고 학교 운동장에 나가 함께 공을 쫓아다니며 뛰어다니고, 거실에서는 카펫 위에서 꼬리잡기를 한다거나, 신문지 공을 만들어 나무 블록으로 아무렇게나 골대를 만들어 실내 축구도 많이 하였다. 너무 바쁜 아빠와의 놀이라고는 퇴근 시간에 초인종 소리가 들리면 옷장 안에 숨어서 숨바꼭질을 하는 정도였다. 그 놀이를 아이는 순진하게도 초등학교 6학년 때까지 하였다. 그런 일화들을 생각하면 지금도 배시시 미소가 절로 지어진다.

아이랑 놀이할 때는 놀잇감이 많이 필요치 않았다. 그저 몸놀이와 집 안에 있는 도구들을 활용하여 함께하면 그게 바로 놀이가 되었다. 아이를 키우면서 놀이치료 및 아동상담을 공부하면서 한 아이의 엄마가 되어 가는 과정에서 스스로 찾았던 방법들이 이론에서 크게 벗어나지 않았다는 것을 깨닫고 스스로 뿌듯함을 느끼기도 하였다.

부모들을 만나 놀이와 관련하여 이야기를 나눌 때, 놀잇감의 수나 종류보다는 부모와 함께하는 시간의 소중함을 이야기하곤 한다. 육아 관련 공공기관에서의 놀잇감 대여 및 놀이 공간 제공 시스템도 어느 정도의 틀을 갖추고 있어, 이를 잘만 활용하면 경제적인 부담과 공간의 제약도 덜 수 있다.

요즘의 자녀가 있는 가정에는 미니 어린이집 교실과 유사하게 각 영역별로 구성해 둔 가정을 드물지 않게 발견하곤 한다. 자녀를 많이 낳지 않아 더 귀하고 소중하여 필요한 모든 것을 갖추려고 한다. 그럼에도 부모들은 무엇인가의 부족함을 항상 느끼곤 한다. 아무리 모든 것을 다해 주어도 부모 마음이 그렇다. 이제 더 이상 부모의 마음을 물질적인 풍요함으로 대리 보상하지 않기를 바란다. 너무 많은 놀잇감을 제한 없이 사 들여 온전히 활용하지도 못하고 자녀가 성장하여 값비싼 놀잇감이 제 역할을 하지 못하는 일이 없기를 바란다. 그러기 위해서 부모는 외적인 것들을 채워 주기보다는 내적 충만감을 주어야 한다. 어린 자녀에게는 놀이를 통하여 그 역할을 할 수 있다. 제대로 된 내 아이와의 놀이 방법만 알아도 지속적인 자녀와의 긍정적인 관계가 확립되고 향상될 것이다. 그러한 목표로 필자의 양육 경험, 이론과 실제를 근거로 현장에서 부모들과 직접 실행한 가정 내 특별놀이 프로그램 세션을 하나하나 풀어 보고자 한다.

목차

들어가기

아동은 성인과 달리 자신의 감정, 현재 상존하는 걱정 그리고 자신의 경험들을 인식하고 표현하는 데 한계가 있다. 놀이는 아동이 경험하고 이해하는 것들을 자신의 방식으로 자연스럽게 표현할 수 있게 한다. 자신의 감정과 욕구, 소망들을 놀이 안에서 다양한 놀이와 놀잇감을 통하여 현재의 정서를 자신의 방법으로 표현한다. 놀이 안에서 자신의 놀이를 스스로 계획하고 자신만의 방법으로 욕구와 소망들을 자신이 창조한 시나리오대로 이끌기 위해 놀잇감들을 활용한다. 자신의 무의식적인 불안과 두려움 등이 놀이 안에서 재현되고 이를 치유할 수 있는 놀이 상황으로 자연스럽게 연출해 감으로써 현실에서의 무력한 자신이 아닌, 자신만의 놀이를 통하여 스스로 치유해 가는 경험을 한다. 여기에 부모가 함께하며 이를 인정하고 지지해 주는 것이다.

예를 들어, 최근에 부모로부터 체벌을 경험한 아동은 놀이 안에서 파괴적이고 공격적인 놀이를 하거나 자신을 체벌하였던 부모의 흉내를 낼 것이다. 이를 '안전한 놀이 안에서 해소'한 이후, 다시 자신의 소망을 담아 부모와 자신을 대체하는 피규어로 다정하고 안정적인 가정 내 양육 분위기를 연출한다. 이처럼 아동은 희망을 꿈꾸고 자신에게 가장 안전한 부모와 안정적인 환경을 스스로 갈구하고 있음을 '자신의 놀이에 표현'하게 된다.

놀이치료기법을 활용한 가정 내 특별놀이는 아동이 내면에 상처를 쌓아 두지 않고 부정적인 정서에 익숙해지지 않도록 돕고 이를 적절히 표현하고 다룰 수 있는 온전한 개인으로의 성장과 발달을 돕게 된다. 가정 내 특별놀이는 아동의 건강한 심신의 발달과 적응성을 돕기 위해 구조화된 놀이치료실에서 놀이치료사와 진행하는 것이 아닌, 일상에서 언제라도 함께할 수 있는 부모(또는 양육자 및 보호자)와 함께하는 특별한 놀이이다.

본 특별놀이는 가정에서 실시하는 것을 기본으로 한다. 이를 가정특별놀이 또는 부모특별놀이라 한다. 부모-자녀 관계를 향상시킴으로써 아동이 처한 현재 상황에서 최선의 환경을 구축하여 건강하게 성장하고 발달할 수 있도록 돕기 위한 활동이다. 부모는 아동의 건강한 성장과 발달의 최종 책임자이며, 양육환경을 안전하게 구축할 권리와 의무가 있다. 부모로서 누구보다 더 명확히 자녀의 사고와 감정을 알고 이해해야 한다. 그렇지만 아동의 연령이 낮고 발달이 느릴수록 자신의 사고와 감정을 표현하는 데 미숙하여 언어로 표현하는 데 한계가 있다. 아동의 인지 발달 및 언어 발달 수준에 따라 자신의 사고와 감정을 말로 표현하는 데 한계가 있고, 스스로 이해하는 것도 어려울 수 있다. 이러한 어려움을 언어가 아닌 놀이를 통해 아동이 자신의 행동과 사고, 감정을 자연스럽게 표현하고 스스로 인식하도록 돕는 것은 매우 중요한 일이다. 그 과정에서 함께하는 부모가 자녀를 이해하게 되며, 자녀와 함께 성장하는 과정에 동행하게 된다. 이렇게 자녀를 이해하는 과정을 거치면서 부모와 자녀는 상호 신뢰하게 되어, 부모-자녀 간 신뢰관계가 더욱 공고해진다. 또한, 부모-자녀 관계 향상 및 자아존중감과 자기조절력이 증진됨으로써 부모는 부모로서의 효능감이, 자녀는 자신감이 향상된다.

자녀 양육의 궁극적인 목표는 자녀가 올바르게 성장하여 관계성(자신과의 관계, 타인과의 관계, 환경과의 관계)에서 비교적 잘 적응하고 자율적이고 독립적인 인격체로서 살아갈 수 있도록 돕는 적응 능력의 기초를 마련해 주는 것이다.

일반적인 놀이와 치료로서의 놀이 차이점

이 책에서 다루는 아동중심 및 정서중심 놀이치료란?

아동에게 놀이가 왜 중요할까? 그 가치를 살펴보면, 놀이를 통해서 세상의 기본 이치를 습득하며, 자신의 사고와 감정을 표현한다. 자연스러운 놀이에서 자신의 신체를 활용하며 신체적 감각을 익힐 수 있다. 또한 심리적 이완과 다양한 정서적 경험을 하며 더 나은 사회적 기술을 내면화할 수 있다. 아동의 놀이를 이해하기 위해서 가장 쉬운 방법은 부모 자신의 어린 시절 놀이 경험을 가만히 떠올려 보는 것이다. 가장 먼저 떠오르는 즐거웠던 놀이는 어떤 놀이였는지, 주로 어떤 놀이를 했는지, 그날의 분위기는 어땠는지, 누구와 함께 놀이를 했는지, 그 누군가와 어떤 상호작용을 했는지, 그 안에서의 경험이 현재 자신에게 어떤 영향을 끼치고 있는지 등을 떠올려 보면 놀이의 중요성을 어느 정도는 파악할 수 있다. 모두가 어린이었던 성인들의 놀이 감각을 일깨움으로써 자녀에게 자신의 놀이 경험을 공유하는 것, 자신의 놀이 경험이 부족하였다면 어린 시절의 미충족된 놀이 경험을 자녀와의 놀이를 통하여 충족시키는 데도 도움이 될 것이다.

일반적인 아동의 놀이에서도 아동의 사고, 감정, 행동 등을 면밀히 살펴볼 수 있다면 우리는 아동의 사고와 정서, 경험을 파악할 수 있게 된다. 아동에게 놀이는 그들의 '언어'이므로 우리가 그 언어를 온전히 이해할 수 있다면 아동과 밀도 있는 관계 안에서 긍정적인 관계성을 향상시키고, 또 다른 관계성에도 도움을 줄 것이다.

치료로써의 놀이란 구조화된 시간과 공간, 대상이 중요하며, 이때의 놀이는 단순한 놀이가 아닌 아동을 더 잘 이해하기 위한 놀이치료 기법을 적용하는 것이다. 놀이치료 기법은 몇 가지의 기법이 있으나 이 책에서는 Garry Landreth와 Carl Rosers가 주장한 아동(인간/내담자)중심·정서중심 놀이치료기법을 적용하였다.

놀이치료의 효과가 모든 아동에게 긍정적이라는 것이 임상현장에서나 학계의 연구에서 지속적으로 입증되고 있다. 특히, 정서적인 어려움(애착외상, 불안으로 인한 말더듬 또는 선택적 함구, 이혼가정의 아동, 장기 입원 아동, 학대 또는 방임, 성 관련 또는 가정폭력 목격으로 인한 스트레스와 불안, 우울 증세, 부정적인 자아개념, 분리불안 등)과 행동 조절의 어려움(자신의 신체를 위해하는 행동, 공격적이고 파괴적인 행동 표출, 학교에서의 부적응적 행동 등), 학업 관련으로는 읽기 곤란, 학업수행능력 저하, 언어 발달, 인지 발달, 사회성 발달 등에 도움을 주어 아동의 부적응적인 영역을 적응적인 변화로 자연스레 이끌 수 있다는 것이다. 그렇지만 놀이치료가 만병통치약은 아니다. 극단적으로 심각한 자폐스펙트럼과 현실감각을 상실한 정신분열증 등의 범주 아동에게는 그 효과가 제한적일 수 있으며, 다른 치료와 병행하여 더욱 섬세하고 정교하게 보다 장기적으로 접근해야 한다는 것을 밝힌다.

본 책에 앞서 출간된《30분 놀이의 기적》에서는 부모(또는 보호자)와 자녀의 놀이를 매주 1회 30분을 정하여 놀이하는 방법의 핵심만을 담아 펴낸 바 있다. 핵심만을 담고 출간한 이후, 부모가 스스로 실천하고 구현할 수 있도록 더 구체적이고 자세한 내용이 담겼으면 하는 아쉬움에 대한 요청들을 다양한 채널로 확인하게 되었다. 이에, 저자가 그동안 실제 임상현장에서 실시한 방법 그대로의 내용을 가능한 최선을 다해 이 책에 담고자 하여 증보판을 내게 되었다. 본 책의 내용을 통하여 더 많은 부모(또는 보호자)들이 이를 실행해 봄으로써 자녀와의 관계 향상 및 자녀가 보다 적응적이고 안정적인 한 인간으로 성장하는 과정에 부모가 함께하기를 바라는 마음이다.

자기이해 및 자기점검

가정에서의 특별놀이를 시작하기 전에 부모는 양육자로서 자기이해 및 자기점검이 필요하다. 다음 질문에 대해 찬찬히 생각해 보고 자세히 적어 보기를 권한다.

부모(또는 양육자)로서 자신은 어떠한 사람인가?

어떠한 부모가 되고자 하는가?

나는 지금까지 성장하면서 어떤 행복한 기억을 갖고 있는가?

어떤 불행한 기억을 갖고 있는가?

나의 자녀에게는 어떠한 기억과 경험을 물려주고 싶은가?

나의 자녀에게 절대로 물려주고 싶지 않은 기억과 경험은 무엇인가?

나와 내 배우자는 **어른으로서** 자녀를 대할 준비가 되어 있는가?

어린 시절 전반적인 기억과 경험이 현재의 나에게 어떤 영향을 미치고 있는가?

- 긍정적인 영향 :

- 부정적인 영향 :

나와 내 배우자는 부모(양육자)로서 협력하여 **한 팀(ONE TEAM)**이 될 준비가 되어 있는가? 만일, 아직 미비하다면 무엇이 더 준비되어야 하는가?

나는 나 자신(내면아이)과의 관계가 어떠한가?
'나는 나 자신과 잘 지내고 있는지, 자신을 온전히 수용하고 있는지,
자신을 잘 돌보고 있는지' 어떻게 알 수 있을까? 자유롭게 적어 보자.

모든 인간은 관계 안에서 살아가고 있다고 하여도 과언이 아니다. 그 관계의 첫 시작은 주양육자 · 원가족이다. 그들과의 관계에서 획득되고 확립된 자신의 내 · 외적 틀이 형성되어 현재에 이르게 된 것이다. 그 관계 안에서 무수한 경험을 통하여 긍정, 부정의 정서를 축적해 온 것이다. 다행히 긍정경험이 부정경험보다 훨씬 더 많아 자신의 내면에 깊은 생채기와 흉터를 남기지 않았다면 인생을 살아가며 겪어 내야 하는 크고 작은 어려움들을 직면했을 때 자기 자신과 주변 타인과의 관계 안에서 비교적 무난히 어려움을 헤쳐 나가게 된다. 이런 측면에서 내면아이에 대해 간략히 알아보면 다음과 같다.

Freud에 의하면, 한때는 어린아이였던 모든 성인들의 내면에는 어린아이가 일생 동안 함께 산다고 하였다. 특히, 상처 입은 내면아이는 내면의 욕구가 충족되지 못하여 억압과 좌절을 경험할 때 발생한다. 자신의 내적인 문제와 갈등의 억압으로 발생한 증상을 해결하기 위해서는 어린 시절로 돌아가 미해결된 자신의 욕구를 다루어야 한다고 하였다. 어린 시절에 겪었던 상처와 아픔은 현재 자신의 내면에 흉터처럼 남아 있어 고통을 강박적으로 이어 가게 하기 때문에 이를 인식하고 해결해야 한다.

Bradshaw는 내면아이가 상처를 받게 되는 상황과 원인을 다음과 같이 9가지로 설명하였다. 첫째, **어린아이는 모든 것을 신기해하고 호기심**을 갖는데, 부모가 이를 억압하면 내면아이는 상처를 받게 된다. 둘째, 어린아이는 낙관적인 관점에서 사물을 경험하는데, **아이가 학대를 받거나 수치심을 경험**하게 되면 낙관적인 관점과 태도는 매장되고 개방성과 신뢰는 사라지며 내면아이는 상처를 받게 된다. 셋째, 어린아이는 순진하며 선과 악의 구별이 없는데, 이러한 **아이의 순진성이 받아들여지지 않을 때** 내면아이는 상처를 받게 된다. 넷째, 어린아이는 성장하는 과정에 있기 때문에 의존적일 수밖에 없다. 그런데 어린아이의 **의존적인 욕구가 적절하게 채워지지 않게 되면** 내면아이는 상처를 받게 된다. 다섯째, 어린아이의 탄력성과 융통성이 성장과 자기실현에 사용되지 못하고 **생존을 위해 길들여질 때** 내면아이는 상처를 받게 된다. 여섯째, 어린아이는 **자유롭게 놀기를 좋아하는데**, 이것이 차단되면 내면아이는 상처를 받게 된다. 일곱째, 어린아이는 특별한 존재다. 어린아이가 자신을 특별한 존재로 알게 되는 것은 양육자의 태도에 전적으로 달려 있다. 그런데 **양육자가 올바른 거울의 역할을 감당하지 못하게 되면**

내면아이는 상처를 받게 된다. 여덟째, 어린아이는 사랑하기 이전에 먼저 사랑을 받아야 한다. 그런데 **어린아이가 사랑을 제대로 받지 못하게 되면** 내면아이는 상처를 받게 된다. 아홉째, **성적·신체적·감정적 학대와 문화적 충격, 그리고 영적인 학대 등**으로 내면아이는 상처를 받게 된다(John Bradshaw, 2004).

상처받은 내면아이는 사람들이 살아가는 일생 동안 겪게 되는 모든 불행의 가장 큰 원인이 되기 때문에 상처받은 내면아이의 치유와 회복의 경험이 반드시 필요하다. 이를 돕기 위해서는 자신의 상처받은 내면아이를 받아들이고 인정하여 사랑과 자비로 돌보아 치유된 내면아이가 인생 전반에 걸친 삶의 원동력으로 활용된다면 우리의 일생은 더욱 건강하고 행복할 것이다. 그렇지만 이를 거부하고 억압하게 된다면 상처받은 내면아이로 인한 자신과 타인과의 관계에 매우 부정적인 영향을 반복적이고 지속적으로 경험하게 된다.

사람들은 자신에게 소중하고 가치 있다고 여기는 것들을 아끼고 보살핀다. 부모는 자녀를 먹이고 입히며 잘 지낼 수 있도록 끊임없이 보살핀다. 자신에게 가치 있고 의미 있는 것들을 보살피는 것은 모든 인간에게 다를 바가 없다. 그럼에도 어떤 이들은 가장 먼저 보살펴야 할 자신을 보살피는 것에 익숙하지 않으며 등한시한다. 자기 자신의 내면과 외면의 일치를 통해 우리는 내면적인 유대감을 형성할 수 있다. 이는 내면아이와 성인자아가 편안한 관계를 맺을 수 있음을 의미하며, 이러한 안정적이고 편안한 자신과의 관계를 통하여 타인과 함께 있을 때나 혼자 있을 때 상관없이 자신을 잘 돌볼 수 있다.

안정적인 내면적 유대감 형성은 자신의 감정을 올바로 인식하지 못하거나 자신의 생각 및 의도와는 전혀 다른 행동을 취하지 않게 됨으로써 우리는 내적 갈등을 줄일 수 있게 된다. 자신의 내면에 있는 상처받은 아이에게 사랑과 소중함을 전함으로써 우리는 치유의 기회를 얻는 것이다. 이를 위하여 우리는 평소에 자신이 어떤 방식으로 생각하고 행동하는지를 내면과 외면을 통해 살펴볼 필요가 있는 것이다. 내면의 생각과 느낌, 감정을 외면적으로 적절히 표현하고 행동할 수 있다면 자신의 내적 갈등도 사라지게 된다.

내면적 유대감 형성을 위해서는 자신의 마음속의 불편함과 갈등을 인식하고, 자신에게 선택권이 있다는 것을 인정한다. 자신의 내면에 귀를 기울일지, 무시할지를 스스로 선택하는 것이다. 그다음으로 어떤 선택을 하든 그에 따르는 결과를 받아들이는 것이다.

내면적 유대감 형성 과정

다음은 마거릿 폴의 내면적 유대감 형성 모델을 참조하여 사례로 풀어 보는 내면적 유대감 형성 과정이다. 이 모델을 참조하여 자신의 내면적 유대감 형성 과정을 분석해 보길 바란다(마거릿 폴, 2013).

성인자아(논리적, 이성적, 성숙) : 생각 혹은 믿음
내면아이(직관적, 감정적, 미성숙) : 감정 혹은 믿음

마음을 닫기 · 사랑하지 않기 ← **성인자아의 선택** → 마음을 열기 · 사랑하기
(자신을 보호하려는 의도) (자신을 알아 가려는 의도)

부정하기 · 폄하하기 · 무시하기 • 내면아이의 감정과 단절 • 고통을 마주하길 꺼림	**인식하기** 내면아이의 감정과 연결됨. 기꺼이 자신의 고통을 마주하려는 의지
↓	↓
내면아이 버리기 • 사랑을 베풀지 않는 성인자아의 행동 : 내면아이에게 지나치게 관대하거나 권위주의적인 행동을 함. • 자신의 감정에 대한 책임 회피	**사랑을 베푸는 성인으로서 반응하기** 자신의 감정에 책임지기, 내면에 집중하기, 자신을 살펴보고 알아 가려는 의도로 내면아이에게 질문하기
↓	↓
의존적 상호작용 **• 시중을 받는 쪽(지나치게 허용적 · 자기애적)** 1. 내면아이가 지배. 항상 애정을 갈구함 2. 행동 : 눈에 띄는 노골적인 방식으로 타인을 조종, 비난하기, 울기, 관계 끊기 3. 감정 : 거부당한, 두려운, 수치스러운, 분노의, 저항감, 외로움 등	**내면적 유대감 형성을 위한 대화** **• 내면아이와의 대화(본능적인 감정)** 1. 내면아이의 감정, 욕구, 잘못된 믿음을 살펴보기 위한 질문을 함 2. 내면아이는 이 질문에 정직하게 대답함. 성인자아는 이 대답에 편견 없이 반응함 **• 고차원적인 힘과의 대화** 1. 질문하기 : 무엇이 진실인가? 어떤 것이 사랑을 표현하는 행동인가? 2. 듣기 : 고차원적인 힘으로부터 배우려는 의도, 기꺼이 해답을 얻겠다는 의지

↓ ↓

사랑을 베풀지 않은 행동 성인자아는 남의 시중을 드는 행동을 하거나 시중을 받으려 함. 자신의 내면 및 타인과의 관계가 점점 단절됨. 이러한 단절로 내면아이는 물질 중독 및 과정 중독에 빠짐	**사랑을 표현하는 행동** 성인자아는 내면아이에게 사랑하는 부모로서 행동하고, 성인자아와 내면아이의 욕구를 조화롭게 결합시킴. 성인자아와 내면아이의 내부적인 연결과 타인과의 외부적인 연결이 증가함

↓ ↓

부정적인 결과 • **자신의 내면에서** : 의존, 중독, 낮은 자존감, 수치심, 무력감 • **타인에게** : 단절, 사랑을 주고받지 못함, 고립, 소외, 타인과의 관계 끊기	**긍정적인 결과** • **자신의 내면에서** : 내면적인 유대감 형성, 내면의 힘, 수치심과 두려움으로부터의 해방, 사랑을 주고받으며 기쁨을 느낄 수 있는 능력 • **타인과** : 연결, 사랑을 베푸는 행동, 건강한 상호관계, 친밀함, 가까움, 서로에 대한 사랑이 깊어지고 보살핌

사례 1. 네 살 때부터 부모의 심각한 갈등 사이에서 충성갈등을 하였던 대학생

성인자아(논리적, 이성적, 성숙) :
언제 돌변할지 모르는 인간들이니 너무 가까워지지 말자.
내면아이(직관적, 감정적, 미성숙) :
그렇게 믿었던 부모가 이 세상에서 가장 무서워.

마음을 닫기 · 사랑하지 않기 ← **성인자아의 선택** → 마음을 열기 · 사랑하기
(자신을 보호하려는 의도) (자신을 알아 가려는 의도)

감정의 단절	감정의 연결
성인자아 : 무섭다고? 말도 안 돼! 혹은 성인자아 : 난 무섭지 않아. 나는 우리 부모를 믿어.	성인자아 : 무섭다고? 무엇 때문에 무서운 걸까? 혹은 성인자아 : 부모도 무서울 수 있어. 무엇 때문에 그러는 건지 내게 말해 봐.
↓	↓
닫힌 마음을 선택할 때의 반응(단절 고조)	**열린 마음에 대한 반응(연결의 증가)**
↓	↓
내면의 생각과 단절 **• 자신의 내면에서** 성인자아 : 내가 이렇게 덤덤하게 살아간다면 다른 사람들도 나처럼 덤덤히 아무 일도 없는 것처럼 살아가야 해. 내면아이 : 난 내 부모를 떠나고 싶어. 그들에게 나는 그 어떤 애정도 느낄 수 없고, 내 속내를 말할 수 없어. 그들을 보면 화가 나고 증오로 가득해.	**내면적인 유대감 형성을 위한 대화** 내면아이 : 난 감정적으로 너무 힘들어. 이렇게까지 가면을 쓰고 아무 일이 없는 것처럼 살고 싶지는 않아. 곧 무엇인가가 터져 버릴 것 같아. 성인자아 : 그러면 어떻게 해야 하지? 내면아이 : 내가 나의 마음을 진정하고 진짜로 덤덤하고 행복해지길 바라. 성인자아 : 그래, 너는 마음 편히, 행복하게 살아갈 자격이 있어.
↓	↓
내면의 욕구를 충족시키기 위한 아무런 행동을 취하지 않음	**내면의 욕구를 충족하기 위한 행동** 성인자아 : 그래, 난 충분히 행복해질 자격이 있어. 난 내 부모와 상관없이 행복해질 거야. 내면아이 : 난 부모로부터 충분히 사랑받고 보살핌을 받을 만큼 소중한 사람이야.

↓ ↓

부정적인 결과	긍정적인 결과
• 자신의 내면에서 성인자아 : 아무도 나를 이해하지 못해. 세상에 나는 혼자야. 내면아이 : 내가 더 능력이 있게 되면 반드시 어떻게든 복수할 거야. • 다른 사람들에게 친구에게 : 너를 위해서 그러는 거야. 동생에게 : 멍청하긴….	• 자신의 내면에서 성인자아 : 이제 힘이 생긴 것 같아. 다른 사람들과 잘 지낼 수 있을 것 같아. 내면아이 : 내 맘이 편안해지고 자유로워진 것 같아. 나를 사랑할 수 있을 것 같아. • 다른 사람들에게 친구에게 : 네 입장도 생각할 수 있어. 동생에게 : 누나가 너의 이야기를 들어 줄게.

↓ ↓

• 다른 사람들의 반응	• 다른 사람들의 반응
친구 : 자꾸 변덕스러운 너 때문에 짜증나. 너랑 친구 그만하고 싶어. 동생 : 누나는 나를 정말 미워하는 것 같아. 나도 누나가 정말 지겨워.	친구 : 우리는 잘 지낼 수 있는 좋은 친구야. 동생 : 누나는 정말 좋은 누나야.

사례 2. 중학교 1학년 때 아버지로부터 심각한 내상을 입었던,
현재는 한 아이의 아버지가 된 의사

성인자아(논리적, 이성적, 성숙) :
나는 절대로 내 아버지처럼 내 아이를 대하지 말자.
내면아이(직관적, 감정적, 미성숙) :
나도 내 아버지처럼 사랑하는 내 딸에게 손찌검을 할까 봐 겁나.

마음을 닫기 · 사랑하지 않기 ← **성인자아의 선택** → 마음을 열기 · 사랑하기
(자신을 보호하려는 의도) (자신을 알아 가려는 의도)

감정의 단절	**감정의 연결**
성인자아 : 절대로 내 아이를 때려서는 안 돼! 혹은 성인자아 : 내 아버지도 나를 사랑했을 거야.	성인자아 : 왜 그런 걱정을 하는 거야? 나는 내 딸에게 정말 최선을 다하고 있어. 사랑으로…. 혹은 성인자아 : 아버지는 사랑하는 방법을 잘 몰랐을 거야. 어떻게 표현하는지도….
↓	↓
닫힌 마음을 선택할 때의 반응(단절 고조)	**열린 마음에 대한 반응(연결의 증가)**
↓	↓
내면의 생각과 단절 **• 자신의 내면에서** 성인자아 : 내가 이렇게 애쓰는 것을 사람들은 알까? 내가 얼마나 내 아이를 때리지 않고 무섭지 않은 아빠가 되려고 하는지…. 내면아이 : 나는 내 아버지가 정말 미워. 그리고 증오해. 엄마는 내가 아버지에게 학대당할 때, 무능력하고 무기력한 모습을 보였어. 학대하는 아버지보다 어머니가 더 싫어.	**내면적인 유대감 형성을 위한 대화** 내면아이 : 난 감정적으로 너무 힘들어. 내가 아무 걱정 없이 살아온 사람처럼 살고 싶지는 않아. 곧 무엇인가가 터져 버릴 것 같아. 성인자아 : 그러면 어떻게 해야 하지? 내면아이 : 내가 나의 마음을 진정하고 객관적으로 바라보길 바라. 성인자아 : 그래, 너는 마음 편히, 네가 최선을 다해 지금의 네가 되었듯이 아내와 딸과 함께 행복하게 살아갈 자격이 있어.
↓	↓

내면의 욕구를 충족시키기 위한 아무런 행동을 취하지 않음	내면의 욕구를 충족하기 위한 행동 성인자아 : 그래, 난 충분히 행복해질 자격이 있어. 난 내 부모와는 다른 사람이고 그들과 상관없이 행복해질 거야. 내면아이 : 나의 부모는 사랑하고 표현하는 방법을 제대로 배우지 못했기 때문에 그랬을 거야. 내가 행복하게 잘 산다면 그들도 마음 편히 살아갈 수 있을 거야. 난 내 아내와 딸과 함께 소중한 내 삶을 살아갈 거야.
↓	↓
부정적인 결과 • **자신의 내면에서** 성인자아 : 아무도 나를 이해하지 못해. 세상에 나는 혼자야. 내면아이 : 나는 어쩔 수 없이 내 아버지의 아들이야. 어쩌면 나도 똑같이 내 아이를 학대할지도 몰라. 내가 그렇게 된다면 나는 그들을 용서하지 않을 거야! • **다른 사람들에게** 배우자에게 : 나를 그냥 내버려둬. 딸에게 : 너를 보면 내가 어떻게 대해야 할지 매일 이런 저런 생각으로 힘들어.	**긍정적인 결과** • **자신의 내면에서** 성인자아 : 그래, 내 삶은 나의 부모님과는 달라. 나는 그들과 다른 존재이기 때문에. 이제 힘이 생긴 것 같아. 내 아내와 딸과 함께 행복할 수 있어. 내면아이 : 내 맘이 편안해지고 자유로워진 것 같아. 나를 소중히 여기고, 아내와 딸을 더 사랑할 수 있을 것 같아. • **다른 사람들에게** 배우자에게 : 당신과 함께 우리 행복할 거야. 내가 기쁠 때나 힘들 때나 항상 당신과 함께할 거야. 딸에게 : 너를 보면 아빠는 모든 사랑을 다 주고 싶어. 내 딸로 태어나 줘서 고마워.
↓	↓
• **다른 사람들의 반응** 배우자 : 정말 지겨워. 언제까지 그렇게 아무것도 하지 않을 건지 답답해. 딸 : 아빠는 날 사랑하지 않나 봐. 나를 봐도 웃어 주지 않고 관심도 없어.	• **다른 사람들의 반응** 배우자 : 항상 당신과 함께 행복할 거야. 당신이 얼마나 최선을 다하는지 잘 알고 있어요. 힘들 때마다 혼자라고 생각지 말아요. 당신은 우리에게 정말 소중한 사람이에요. 딸 : 우리 아빠는 나를 보면 항상 웃어 줘. 나는 정말 사랑받는 아이인 것 같아. 아빠 딸이어서 정말 행복해.

자신의 상처받은 내면아이를 들여다보자. 어린 시절 자신이 겪었던 관계적 어려움으로 인한 상처로 반복된 패턴을 생각해 보며 적어 보자.

성인자아(논리적, 이성적, 성숙) : **내면아이(직관적, 감정적, 미성숙) :**

마음을 닫기 · 사랑하지 않기 ← **성인자아의 선택** → 마음을 열기 · 사랑하기 (자신을 보호하려는 의도) (자신을 알아 가려는 의도)

감정의 단절 성인자아 : 혹은 성인자아 :	**감정의 연결** 성인자아 : 혹은 성인자아 :
↓	↓
닫힌 마음을 선택할 때의 반응(단절 고조)	**열린 마음에 대한 반응(연결의 증가)**
↓	↓
내면의 생각과 단절 **· 자신의 내면에서** 성인자아 :	**내면적인 유대감 형성을 위한 대화** 내면아이 : 성인자아 :

내면아이 :	내면아이 : 성인자아 :

↓ ↓

내면의 욕구를 충족시키기 위한 아무런 행동을 취하지 않음	**내면의 욕구를 충족하기 위한 행동** 성인자아 : 내면아이 :

↓ ↓

부정적인 결과 **• 자신의 내면에서** 성인자아 : 내면아이 :	**긍정적인 결과** **• 자신의 내면에서** 성인자아 : 내면아이 :

• **다른 사람들에게** 배우자에게 : 자녀에게 :	• **다른 사람들에게** 배우자에게 : 자녀에게 :

↓ ↓

• **다른 사람들의 반응** 배우자 : 자녀 :	• **다른 사람들의 반응** 배우자 : 자녀 :

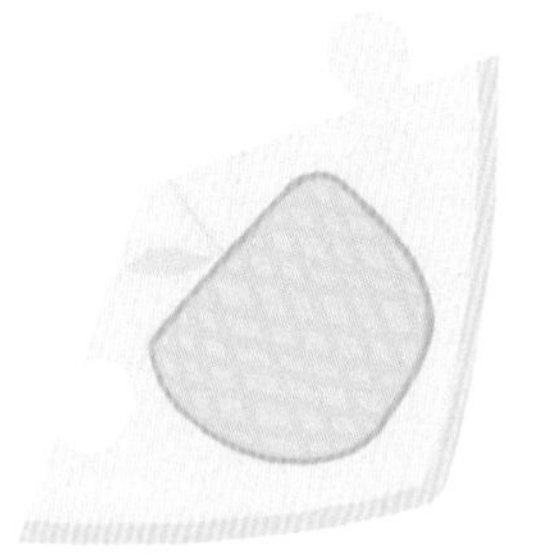

이와 같이, 자신의 감정과 생각을 알아 가고 배우려는 선택으로 내면적인 유대감 형성을 시작할 수 있다. 내면적인 유대감 형성을 위한 5단계 과정을 요약해 보면 다음과 같다.

1단계 : 내적 갈등을 인식하라.
자신의 감정을 인식하라.

2단계 : 사랑을 베푸는 성인으로서 반응하라.
배우려는 의도를 가지고 질문하라.
내면에 집중하라.

3단계 : 자신의 내면아이와 대화하라.
내면아이에게로 더 깊이 다가가라.
무엇이 필요한지 내면아이에게 들어 보라.

4단계 : 고차원적인 힘과 대화하라.
고차원적인 힘으로 올라가라.
질문을 하고 가르침을 받기 위해 마음을 열어라.

5단계 : 행동을 취하라.
행동을 통해 내면아이와 성인자아의 욕구를 충족시켜라.

내면아이와의 일상적인 대화를 위한 질문에 내면아이(직관적, 감정적)와 성인자아(논리적, 이성적)로서 각각 답을 해 보자.

내면아이와의 일상적 대화를 위한 질문	내면아이(직관적, 감정적)	성인자아(논리적, 이성적)
지금 기분은 어떤가?		
지금 어떤 일을 하고 싶은가?		
오늘 하루를 어떤 식으로 보내고 싶은가?		
지금 어떤 음악을 듣고 싶은가?		
지금 어떤 음식을 먹고 싶은가?		
휴가 때 가고 싶은 곳은 어디인가?		
지금 하는 일이 좋은가, 싫은가?		
예전부터 하고 싶었지만 하지 못했던 일은 무엇인가? 하지 못한 이유는 무엇인가?		
지금 맺고 있는 관계(배우자, 친구, 가족 등)가 만족스러운가, 불만족스러운가?		

양육태도 점검

나의 양육태도는 어떠한가?

다음으로 자녀 양육에서 많은 부모들이 궁금해하는 자신의 양육태도 점검도 필요하다. 다음에 제시된 몇 가지 간단한 내용으로 부모로서 자신의 양육태도를 객관적으로 살펴보기를 바란다. 스스로 객관성을 유지하기 어려운 경우 부모 서로에 대해 Cross Checking도 할 수 있다. 10점 만점을 기준으로 어느 정도인지를 수치화해 보기를 권한다.

첫 번째 항목으로 **지지표현**을 들 수 있다. 여기에서는 자녀와 함께 보내는 시간을 편안해하는지, 가능한 자녀와의 시간을 마련하려는 노력을 기울이는지, 함께 있을 때나 그렇지 못할 때도 자녀에게 사랑한다는 표현을 하는지, 자녀가 어떤 것을 힘들어하고 걱정하는지를 알고 이에 대한 관심과 격려 표현을 하는지, 자녀에게 칭찬을 자주 하는지, 자녀에게 도움이 필요할 때 기꺼이 함께할 수 있는지 등이다.

(10점 중 자신의 점수는 몇 점인가? 만일, **7점**보다 너무 낮거나 너무 많은 차이가 있다면 이를 기준으로 개선할 필요가 있다.)

점수	1	2	3	4	5	6	**7**	8	9	10
체크										

두 번째 항목으로는 **합리적 설명**으로, 여기에는 다음과 같은 내용이 포함된다. 부모가 왜 화가 났는지, 왜 지적을 하는지, 잘못된 행동을 지적하기 전에 왜 하지 않아야 하는지(또는 해야 하는지), 자녀의 의견을 존중하는 정도는 어떤지, 자녀가 무리한 요구를 한다고 여길 때 부모가

거절하는 이유를 설명하는지 등이다.

(10점 중 자신의 점수는 몇 점인가? 만일, **7점**보다 너무 낮거나 너무 많은 차이가 있다면 이를 기준으로 개선할 필요가 있다.)

점수	1	2	3	4	5	6	**7**	8	9	10
체크										

세 번째 항목으로는 **성취압력**을 들 수 있다. 자녀의 실제 발달에 부합하는 현실적인 기대보다 더 큰 기대를 하는지, 남들보다 더 잘해야 한다고 강요하지는 않는지, 인지적 성취(학습)를 강요하지는 않는지, 1등이 되었을 때 더 극적인 반응을 보이지는 않는지 등이 이에 해당된다.

(10점 중 자신의 점수는 몇 점인가? 만일, **6점**보다 너무 낮거나 너무 많은 차이가 있다면 이를 기준으로 개선할 필요가 있다.)

점수	1	2	3	4	5	6	**7**	8	9	10
체크										

네 번째 항목으로는 **간섭**을 들 수 있다. 자녀의 사소한 잘못에도 심하게 꾸짖거나 부모가 정해 둔 기준대로 하라고 강요하지는 않는지, 어느 정도의 시간이 주어지면 자녀 스스로 할 수 있는 일에도 간섭하거나 잔소리를 하지는 않는지, 자녀의 지극히 개인적인 영역에 대해서도 간섭을 하는지 등이 이에 해당된다.

(10점 중 자신의 점수는 몇 점인가? 만일, **5점**보다 너무 낮거나 너무 많은 차이가 있다면 이를 기준으로 개선할 필요가 있다.)

점수	1	2	3	4	5	6	7	8	9	10
체크										

다섯 번째 항목으로는 **처벌**을 들 수 있다. 부모 자신이 화가 났거나 짜증 났을 때 더 심하게 처벌하는지, 사소한 잘못에 대해서도 과도하게 혼을 내거나 체벌을 하는지, 가끔이라도 자녀가 부모를 무섭게 생각하는지 등이다.

(10점 중 자신의 점수는 몇 점인가? 만일, **4점**보다 너무 낮거나 너무 많은 차이가 있다면 이를 기준으로 개선할 필요가 있다.)

점수	1	2	3	4	5	6	7	8	9	10
체크										

여섯 번째 항목으로는 **감독**을 들 수 있다. 자녀가 현재 누구와 어디에서 무엇을 하고 있는지를 알고 있는지, 부모 자신의 일보다 자녀 관련 일을 더 중시하고 있는지, (학령기 아동일 경우) 자녀가 외출 후 귀가시간을 알고 있는지, 매일 학습한 분량을 확인하는지, 자녀가 공부할 때 살펴보거나 들여다보는 정도는 어느 정도인지 등이다.

(10점 중 자신의 점수는 몇 점인가? 만일, **4점**보다 너무 낮거나 너무 많은 차이가 있다면 이를 기준으로 개선할 필요가 있다.)

점수	1	2	3	4	5	6	7	8	9	10
체크										

일곱 번째 항목으로는 **과잉기대**를 들 수 있다. 부모 자신이 기대하는 만큼 자녀가 따라오지

못한다고 여기는지, 자녀의 미래에 대한 걱정을 자주 하는지, 다른 집 아이들보다 나의 자녀가 뒤떨어진다고 여기는지 등이다.

(10점 중 자신의 점수는 몇 점인가? 만일, **3점**보다 너무 낮거나 너무 많은 차이가 있다면 이를 기준으로 개선할 필요가 있다.)

점수	1	2	3	4	5	6	7	8	9	10
체크										

앞의 일곱 가지 항목에 대해 점검해 보고 자녀의 발달단계에 따라 이를 적절히 조정하고 개선하면 된다. 예를 들어, 영아기 자녀에게는 지지표현과 합리적인 설명, 간섭과 감독이 많아도 크게 해가 될 것은 없다. 그런데 유아기 후반이나 학령기 자녀들에게 과도한 지지표현과 합리적인 설명, 간섭과 감독은 오히려 자녀들의 자율적이고 독립적인 발달을 저해하고, 자신의 무능력과 무가치함을 내면화하게 된다. 이처럼 부모의 양육태도는 자녀의 발달단계에 따라 어느 부분에 더 초점을 두고, 어느 부분에서는 자녀에게 온전히 자율적인 선택과 책임을 부여해야 하는지가 다를 수 있다. 다시 말해, 어릴수록 부모의 세심한 관심과 설명, 지지적인 표현을 통해 작은 성공의 잦은 성취감을 느낄 수 있어야 하고, 나이가 들어 감에 따라 외부의 관심과 지지를 통한 동기보다는 자신의 내적 동기에 의한 자율적인 의사 및 결정에 따라 선택하고 그 결과에 대한 책임까지도 수용할 수 있도록 지켜봐 주어야 한다. 아주 어린 시기부터 부모와의 관계 안에서 신뢰롭고 안정적인 경험이 많을수록 자녀들은 자신의 선택과 결정을 신뢰하며, 어려움에 닥치더라도 적절한 방법을 찾아 해결해 보려는 적극적이고 긍정적인 자기개념과 태도를 갖게 된다.

이와 같은 객관적인 양육태도 점검의 핵심은 부모 자신의 **양육태도 일관성** 정도를 파악하는 데 있다. 간단한 내용으로 이를 살펴보면, 자녀와 관련된 유사한 상황에서 화를 내거나 혼을 낼 때도 있고 그냥 지나치는 때도 있는지, 부모 자신의 컨디션에 따라 다르게 자녀를 대하지는 않는지 등이다. 자녀가 사춘기가 되는 시기까지 꾸준한 부모의 양육태도 점검이 도움 될 것이다. 부모의 양육태도 일관성의 정도에 따라 자녀의 인지적·정서적·사회적 능력의 발달에 지대한 영향을 미치기 때문에 평상시 부모로서의 일관적인 태도를 유지하는 것은 매우 중요하다. 부모의 일관적인 태도는 자녀로 하여금 부모의 행동 및 분위기 등을 미리 예측할 수 있어 안정감을 줄 수 있다.

(10점 중 자신의 점수는 몇 점인가? 만일, **2점**보다 너무 낮거나 너무 많은 차이가 있다면 이를 기준으로 개선할 필요가 있다.)

점수	1	2	3	4	5	6	7	8	9	10
체크										

양육태도 유형과 관련하여 국내 부모들이 가장 선호하는 민주적인 양육태도 방식이 포함된 미국의 발달 심리학자 Diana Baumrind(1991)에 따른 양육태도의 4가지 유형이 있다. 여기서는 애정과 통제 정도에 따라 민주적/허용적/권위주의적/방임적 태도로 분류하였다. 민주적인 양육태도가 중요한 것은 적절한 애정표현과 적절한 통제를 한다는 것에 있다. 이를 자녀 연령 및 발달수준에 따라 어느 때는 애정표현을 더 많이, 어느 때는 통제를 더 해야 하는 때가 있다. 예를 들어, 자녀의 연령이 낮고 주변 환경을 충분히 탐색하여 정보를 얻어 구체적인 경험을 통한 건강한 성장·발달이 이뤄지는 영아기에는 안전한 환경 안에서 허용적이고 자율이 허락된 건강한 방임은 괜찮다. 이때, 중요한 것은 양육자의 세심하고 민감함으로 자녀와 같은 공간에서 자녀의 모든 행동과 표정, 활동 내용 등을 파악하고 있어야 한다는 것이다. 어떤 일이 발생할지를 예측할 수 있고 곧바로 대응할 수 있어야 하며, 사각지대가 있어서는 안 된다.

그렇지만, 언어 발달 및 친사회적 기술을 충분히 습득해야 하는 시기인 유아기에는 이를 **적절히** 통제해야 한다. 이때에는 허용과 비허용, 부모의 권위(지도력), 타인과의 경계 등이 매우 중요하므로 권위주의적인 태도와 민주적인 태도가 **적절히 혼합**되어 유연하게 접근해야 한다. 양육태도에서 가장 중요한 것은 일관성이므로 자녀의 발달에 장기적인 긍정영향을 끼칠 수 있는 방법으로 꾸준히 행하는 것이다. 양육자가 자신의 상황과 기분에 따라 자녀를 대하는 방식이 극명하다면 자녀는 양육자의 기분을 살피거나 타인의 분위기에 따라 자신의 행동을 선택하게 된다. 장기적으로는 자신의 사고와 감정보다는 타인의 감정 및 분위기에 따라 행동하게 되어 전반적인 발달에 부정적인 영향을 끼치게 된다. 양육태도의 일관성을 유지하기 위해 가장 중요한 것은 자녀의 존재 자체에 대한 사랑과 존중, 수용적인 태도를 바탕으로 자녀의 성장과 발달에 장기적으로 도움이 될 수 있는 방법과 태도에 대한 고민과 실행이 지속적으로 이뤄져야 한다.

기질과 성향

다음으로 자녀가 어떤 기질이라 인식하고 있는지를 살펴보아야 한다. 일반적으로 알려진 기질은 다음의 세 가지가 있다(배선미, 2020. 재인용).

까다로운 기질과 순한 기질 그리고 느린 기질이 있다. 기질은 선천적인 영향이 매우 크고, 비교적 안정적이고 지속적인 특징이 있다. 여기에서 안정적이라고 하는 개념은 평생 동안 기질이 급변하는 경우는 드물다는 뜻이다. 인간의 기질은 변화하기 어렵지만, 환경과의 적응에 어려움이 없다면 별 문제 없이 살아갈 수 있게 된다. 아동이 환경에 보다 적응적이기 위해서는 심리적으로 안정적인 양육자와의 상호작용이 선행되어야 하며, 환경 및 타인과의 접촉을 통한 상호작용에서 너무 서두르지 않도록 하여 아이가 스스로 안정감을 느낄 수 있는 충분한 시간이 주어져야 한다. 조금 더 탐색할 시간이 주어져야 하고 아이가 가장 신뢰하는 양육자가 안정적이고 평정심을 유지할 수 있는 모습을 보임으로써 외부 세계와 접촉할 수 있어야 한다. 아이들은 양육자의 안정적인 모습을 통하여 기본적인 신뢰감을 바탕으로 낯선 환경 및 타인을 접하게 되고, 탐색해 보고자 하는 욕구가 자연스레 촉발된다.

까다로운 기질의 아이는 부모 또는 성인들이 느끼기에는 돌보기에 더 힘들다는 경험적 보고들이 있다. 동일 상황, 동일 환경에 노출되어도 까다로운 기질의 아이는 외부자극에 대해 조금 더 예민하게 인식하여 환경에 적응하는 데 타 기질의 아이보다 더 많은 시간이 필요하다. 반면, 순한 기질의 아이는 어느 상황 또는 누구와 함께 있더라도 금세 적응하여 돌보는 성인들이 보다 수월하다 여긴다.

아이의 기질을 제대로 파악한다면 양육자나 아이 모두에게 긍정적인 양육환경을 제공하는 데 도움이 된다. 따라서 내 아이가 까다로운지, 양육자인 자신의 상황이 여의치 않은 것인지를 파악해 볼 필요가 있다. 까다로운 기질의 아이는 어떤 상황, 어떤 환경에서든 까다로운 기질의 특성을 보인다. 이를 적응적으로 돕기 위해서는 양육자의 민감성이 매우 중요하다. 자녀의 기분 및 감정 상태를 언어로 표현해 주고, 있는 그대로를 수용해 주는 것만으로도 안정감을 획득할 수 있다. 까다로운 기질의 아이가 표현하는 언어적·비언어적인 메시지를 잘 감지하여 무엇이 불편한지를 살펴보고, 구체적인 언어로 표현해 주는 것이 좋다. 언어 발달 이전의 어린 아이일수록 더 민감하게 상황의 전후 맥락을 살펴야 한다. 언어 발달이 충분히 이루어진 아이의 경우에는 자신의 현 상태가 어떠한지, 무엇 때문에 불편한지를 스스로 이야기하도록 하고 어떻게 도와주면 좋을지를 구체적으로 탐색하여 함께 생각하여 방법을 찾아보는 것도 좋다.

순한 기질의 아이는 낯선 환경과 타인에도 비교적 어렵지 않게 적응할 수 있다. 순한 기질의 아이 또한 양육자의 민감성이 필요한 건 마찬가지다. 보통, 순한 기질의 아이들은 자기표현에 어려움이 있다. '무던하다'고 하는 것이 꼭 좋은 것만은 아니라는 것이다. 어린이집이나 유치원 등의 기관에 입소하게 되면서부터 순한 기질의 아이들이 손해를 많이 본다는 부모들의 공통된 보고가 있다. 무엇이든 배려하고 양보하고 자신의 주장을 펼치지 못하니, 항상 손해 보는 것 같고 선생님의 관심을 받기 어렵다고 하는 보고들에서 순한 기질의 아이에게는 자신의 생각이나 의견을 적극적으로 표현할 수 있도록 가정 내에서 세심히 살펴주는 것이 중요하다.

아이가 스스로 배려하고 양보하는 것을 편안해한다면, 특별히 문제로 여기지 않아도 된다. 이러한 행동을 통하여 얻는 2차적 이득이 있기 때문에 이러한 행동을 하는 자신을 자랑스러워하며 스스로 멋진 사람이라고 생각하기 때문이다. 타인으로부터 칭찬을 받거나 고맙다는 인사를 받는 것에 대해 기쁨을 경험하거나 이러한 행동의 근간에는 타인과 더 잘 지내고 싶은 본능적 욕구가 있기도 하다. 그렇기 때문에 배려하고 양보하고 참는 것을 따로 불편해하지 않는다면 그것이 아이에게는 편안한 상태일 수도 있다.

느린 기질의 아이는 무엇을 하든 동일 연령에 비하여 더 많은 시간이 필요하다. 이 기질의 아이들은 자신의 속도가 따로 있다. 급할 것이 없고 느긋한 특성이 있다. 여기에서의 느리다는 것은 양적인 성장과 발달에서 느리다는 것이 아닌, 행동양식이나 환경에 적응하는 측면을 말하는 것이다. 느린 기질의 아이를 자꾸 다그치고 재촉하면 아이 입장에서는 더욱 위축되어 환경 적응에 어려움을 겪을 수 있다. 상호 작용 시 반응이 늦고, 감각적으로도 둔감해 보일 수 있다. 성인의 입장에서는 답답함을 느낄 수 있지만 이 기질의 아이 입장에서는 자신의 속도감으로 성장하고 있을 가능성이 높다. 아이가 자신에게 문제가 있는 것이 아닌 있는 그대로의 특성이라는 것을 알 수 있도록 존재 자체에 대한 인정과 수용이 우선적으로 이뤄져야 한다. 아이가 조금 늦게 반응하고 천천히 행동할 때에는 지지적인 표현과 칭찬을 동반하여 스스로 잘 성장하고 있음을 알도록 하는 것이 중요하다. 늦더라도 끝까지 성취하는 경험이 많을수록 이후의 행동 선택에 긍정적인 영향이 있다는 것을 양육자와 성인들은 기억해야 한다. 어린 시기의 아이일수록 성인들은 사각지대 없이 아이들을 살펴야 한다. 아이들이 머무는 어느 곳이라도 양육자나 보호자들의 눈이 머물러 모니터링함으로써 아이들이 무엇을 하고 있는지, 무엇을 느끼는지, 무엇을 필요로 하는지 등에 대해 파악하여야 한다. 이것은 가정과 기관 그리고 아이들이 머무는 그 어느 곳이든 때와 장소, 대상에 제한이 없다. 그래야 아이들을 늦지 않게 도울 수 있고, 적절히 개입할 수 있다.

기질의 세 가지 유형(그 외 35%의 아동은 혼합된 기질 가능)

순한 기질 (easy child)	까다로운 기질 (difficult child)	느린 기질 (slow-to-warm-up child)
음식 섭취와 수면의 규칙성을 빨리 발달시킴	신체기능이 불규칙, 음식 섭취와 수면, 일과의 규칙성이 늦게 발달	까다로운 아동보다는 규칙적이고, 순한 아동보다는 불규칙함
새로운 자극에 긍정적으로 반응하며, 변화에 적응이 빠름	새로운 음식, 낯선 사람, 일상생활의 변화에 적응 어려움	반응강도가 약하고, 새로운 자극에 잘 반응하지 못하며, 다소 부정적인 반응을 보임
평온하고 긍정적인 기분, 미소를 많이 짓고, 좌절에 대해 거의 저항 없이 받아들이며 쉽게 안정됨	다른 아이들에 비해 더 오래, 더 크게 움	양육자가 강압적이지 않으면, 적절한 적응성, 관심과 즐거움을 나타냄
양육자에게 기쁨과 즐거움을 줌	양육자의 인내와 체력 및 자원을 더 많이 필요로 함	양육자의 인내가 더 많이 필요함
40%가 이 유형에 속함	10%가 이 유형에 속함	15%가 이 유형에 속함

우리 아이 기질의 유형은? 그렇게 생각한 이유는?

행동, 반응, 감각, 수면, 식습관, 환경과 타인을 대하는 태도 등으로 적어 보자.

앞서 살펴본 기질과 관련하여 부모-자녀 기질 차이에 따른 양육방법은 어떨까?

미국 워싱턴대학교 정신과 교수인 Dr. Cloninger가 개발한 기질 검사인 TCI(Temperament & Character Inventory, 1994)는 4가지 기질의 3가지 성격차원으로 나누었다. 각 발달단계별 유아부터 성인까지의 문항보고식으로 채점을 한다. TCI 검사를 통해 정서적인 과정으로서의 '기질(Temperament)'과 인지적인 과정으로서의 '성격(Character)'이 역동적이고 비선형적인 상호작용으로서의 인성(Personality)을 구분하고 측정하는 것이다. 기질은 태어나기 전부터인 태내에서의 신경전달물질에 의해 정해져 타고난 본성으로 자동적이고 무의식적이어서 변화되지 않는다. 반면, 성격은 환경적 영향에 따라 변화 가능한 영역이다. 엄밀히 말하면 성격은 전 생애를 거쳐 환경적 영향을 통해 특히, 생애 초기부터 성인기 이전까지인 18세까지의 부모 및 자신을 둘러싼 중요한 타인과의 관계 내에서의 상호작용이 얼마나 안정적인가에 따라 적응적으로 변화될 수 있다는 것이다. 여기에서 환경적 영향은 부모의 양육태도, 성장환경, 아동의 직·간접적인 경험 등을 말한다. 이렇게 적응적으로 잘 발달된 성격은 자신의 타고난 무의식적이고 자동적인 기질반응을 조절할 수 있게 한다.

표준화된 기질 검사에서 첫 번째 항목으로 자극 추구(Novelty Seeking)가 있다. 이는 생존을 위한 수렵 및 채집 활동으로 행동 활성화 시스템과 관련이 있다. 새롭고 신기한 자극, 보상단서 등에 강하게 반응하는 유전적 경향성에 해당한다. 탐색욕구와 호기심이 높아 흥분과 보상을 추구하는 활동에서 재미를 느낀다. 예를 들어, 신제품과 즐거움을 위한 Hot Spot, 맛집 탐방 등이 이에 해당한다. 아이들에게는 새로운 자극과 더 강하고 센 자극을 추구하는 것을 말한다. 낯설고 새로운 장소, 환경, 대상 등에 더 흥미를 갖는 반면, 지루하고 단조로움을 견디는 것을 어려워한다. 제약 및 통제에 매우 답답해하거나 좌절, 분노, 반항심 등과 같은 감정이 공격적인 행동으로 연결될 수도 있다.

두 번째 항목으로 위험 회피(Harm Avoidance)가 있다. 이는 생존을 위한 조심, 주의, 경계활동 등으로 행동 억제 시스템과 관련이 있다. 처벌이나 위험, 혐오스러운 자극에 강하게 억제 또는 위축되는 유전적 경향성에 해당한다. 처벌이나 위험이 예상될 때, 회피하기 위해 행동을 억제하거나 이전에 하던 행동을 중단하여 심리적 안정을 추구한다. 예를 들어, 낯선 장소, 환경, 대상, 상황 등에 행동을 억제 또는 위축된다. 불확실하거나 익숙하지 않은 상황을 회피하거나 사전에 미리 철저한 대비를 하거나 예측할 수 있어야 안정감을 갖는다. 조심성과 겁이 많고, 긴장도가 높으며, 수동적으로 보일 수 있다. 불안도와 긴장도가 높은 특징이 있어 모험을 싫어하며 돌발적인 상황을 불편해한다. 쉽게 지쳐 스트레스를 받았을 경우 회복하는 데 더 오랜 시간이 필요하다. 위험과 자극적인 것에서 행동이 위축되며 낯선 환경(장소나 물건 등)과 낯선 사람 등을 쉽게 접하지 못하고 두려워한다. 이런 특성이 높은 아동들은 정해진 규칙과 질서를 잘 지키며, 조심성이 많아 위험한 행동을 잘 하지 않아 안전사고가 거의 없다. 또한, 자신이 익숙해진 것에 대해서는 능숙하게 잘해 낼 수 있다. 이러한 특성을 가진 자녀에게 양육자는 조급해하거나 답답해하지 말아야 하며, 시간적인 여유를 가져야 한다. 새로운 일에 대한 시도 또는 도전에서 자녀에게 해 보라는 식으로 떠밀기보다는 양육자의 시범을 통하여 안전한 곳이고, 안전한 사람이라는 인식을 먼저 심어 주어야 한다. 몇 차례 만났던 지인을 만났을 때도 "전에 만났잖아"라고 하기보다는 양육자가 반갑게 인사를 나누는 것으로도 충분하다. 이렇게 자주 동일한 경험을 하게 되면 자녀가 자연스럽게 인사를 건네는 때를 발견하게 될 것이다.

세 번째 항목으로 사회적 민감성(Reward Dependence)이 있다. 이는 생존을 위한 애착과 상호의존 활동으로 행동 유지 시스템과 관련이 있다. 사회적 보상 신호나 자극에 강하게 반응하는 유전적 경향성으로 자신에게 보상이 되었던 행동을 유지하도록 하는 시스템이다. 여기에서 사회적 보상 신호(타인의 칭찬, 찡그림, 언어적 표현 등), 타인의 감정(기쁨, 슬픔, 분노, 고통 등)에 대한 민감성에서의 개인차는 매우 중요하다. 예를 들어, 자신이 이야기하는데 상대가 얼굴을 찡그리거나 스마트폰을 보며 건성으로 답을 할 때, 타인이 자신에게 도움을 요청할 때 등의 상황에서 사회적 민감성에 따라 다른 행동양상을 보이게 된다. 자신에게 신호를 보내는 대상에게 맞추거나 챙겨 주는 행동반응과 정서반응에 차이가 있는 것이 바로 사회적 민감성의 높고 낮음에 따라 다르다는 것이다.

네 번째 항목으로 인내력(Persistence)이 있다. 이는 생존을 위한 기다림과 인내 활동으로 자신의 행동을 유지하는 시스템과 관련이 있다. 지속적인 강화가 없더라도 한번 보상된 행동을 일정한 시간 동안 꾸준히 지속하려는 유전적인 경향성으로 만족지연의 유무와도 관련이 있다. 인내력이 높은 사람을 육상선수에 비유하자면 장거리 선수인 마라토너에 해당한다. 자신에게 보상이 없을 때에도 내적 동기와 보상을 유지하는 능력이 높은 사람은 부지런하고 끈기가 있으며, 성취에 대한 야망이 있다. 자신이 목표한 것에 성공을 위해 희생을 감내하기도 한다. 반면, 인내력이 낮은 사람은 의지가 약하고, 야망이 없어 보이며, 자신의 능력보다 더 적게 성취하려 하며 단기간의 결과를 추구하려는 특성이 있다.

자녀의 기질과 양육자의 기질이 비슷하다면 자녀를 양육하기에 크게 어렵지 않다고 느낄 수도 있다. 예를 들어, 부모나 자녀 모두 기질이 예민하거나 까다로운 경우, 또는 양쪽 다 순한 기질일 경우를 들 수 있다.

부모와 자녀 모두 까다롭고 예민하여 섬세하다면, 부모는 자녀를 조금 더 잘 이해하고 접근할 수 있게 되므로 크게 어렵지 않을 수 있다. 그와 반대로 순한 기질의 부모와 자녀라면 어떨까? 양쪽 모두 순하기 때문에 크게 문제시되거나 힘들지 않을 수 있다. 그러나 부모나 자녀 모두 크게 불편함을 호소하지 않기 때문에 다른 기질의 아이들에 비하여 발달적 측면에서는 자극을 덜 받을 가능성이 높다. 조금만 불편하여도 불편하다는 표시를 하는 아이들에게는 양육자가 덜 불편하도록 자주 살피면서 언어적·비언어적 자극을 자연스럽게 자주 제공하게 된다. 반면, 순한 기질의 아이는 불편함을 적극적으로 표시하지 않는 특징이 있기 때문에 양육자들이 뒤늦게 발견하게 되고 그 해결도 늦을 수 있다. 예를 들어, 기저귀가 젖었을 때나 배가 고플 때, 피부에 닿는 느낌이 까슬거려서 불편하다고 느낄 때 바로바로 신호를 보내는 아이는 한 번 더 살펴봐 주게 되는데 순하고 무던한 기질의 아동들은 기저귀가 젖거나 조금 허기를 느낄 때도 괜찮아 보이기 때문에 순한 기질의 양육자도 그냥 지나치게 되어 버릴 수 있다. 이런 경우, 아이는 보살핌이나 발달에 많은 손해를 보게 된다. 전반적으로 잘 기다리고 잘 참는 아동들은 감각적 경험이 상대적으로 부족할 수 있기 때문에 양육자가 전략적이고 의식적으로 적극적인 자극(눈 맞춤과 정서적 접촉, 언어적 반응 등)을 제공해야 한다. 순한 기질의 부모와 자녀는 조금 더 쉬운 육아를 할 수도 있지만, 양육자로서 자녀의 불편함은 없는지 민감성을 키울 필요가 있다.

양육자와 자녀의 기질이 다른 경우에는 어느 쪽이든 힘들어할 수 있다. 예를 들어, 자녀는 예민하고 까다로운 기질인데 양육자는 순한 기질이라면 이야기는 다를 수 있다. 예민하고 까다로운 기질의 자녀는 감각적으로 매우 섬세하기 때문에 양육자들은 곧잘 '등 센서가 초예민하다'고 말하기도 한다. 그 반대인 경우, 양육자는 예민하고 까다로운데 자녀는 순한 기질이라면 자녀는 무던할 수 있으나 양육자는 쫓아다니며 자신이 원하는 방향으로 관여를 할 수도 있다. 이와 같은 경우라면 양육자나 자녀 양쪽 모두 힘들 수 있다.

나와 배우자의 기질 및 성향은 어떠한가?

다음은 나와 배우자의 대인관계 패턴과 상황 및 환경에 대한 적응적 특성 등을 알아보고자 한다. 다음의 질문에 자신이 경험하였던 기질 및 성향 관련한 환경, 대인관계, 적응, 상황 대처 등에 대해서 생각해 보고 상세히 적어 보자.

기질과 성향은 가장 보편화된 MBTI 성격유형으로 알아볼 수 있다. 기질이나 성향은 사람마다 다르기 때문에 누가 더 우세하고 더 옳은지를 파악하는 것이 아닌 '다름'과 '차이'에 대한 것으로 자신과 타인의 다름을 인정하고 수용하여 이해의 폭을 넓히는 것으로 활용할 수 있다. 이 책을 읽고 있는 당신의 손가락 깍지를 끼어 보라. 오른손의 엄지가 위로 올라왔는가? 아니면 왼손의 엄지가 위로 올라왔는가? 팔짱을 한번 끼어 보자. 숟가락질은 어떤가? 글씨를 쓰는 손은 어느 손인가? 어느 쪽이 더 우세하냐가 아닌 어느 쪽을 사용하였을 때가 더 효율적이고 익숙하냐의 차이일 뿐이다.

MBTI 성격유형은 '에너지의 방향성(외향_Extraversion/내향_Introversion)', '정보의 인식 및 활용(감각_Sensing/직관_iNtruition)', '선택 및 결정(사고_Thinking/감정_Feeling)', '행동 및 실행양식(판단_Judging/인식_Perceiving)'의 선호경향성에 따라 16가지로 나뉜다. 선호경향성은 자기 자신이 인식하는 것과 타인이 추측하는 것이 다를 수도 있고, 상황에 따라, 직업적 특성, 연령, 생애 경험 등에 따라 변화될 수 있다. 즉, 현재 자신이 처한 상황 및 환경에 따라 본래의 선호경향성이 달라질 수 있는데 이는 적응성과 대처방식의 경험에 따라 본능적으로 더 이로운 것을 선택하여 적응하기 때문이다. 예를 들어, 얼마간의 휴가가 주어졌을 때 당신은 어떤 계획을 짤 것인가? 이 질문에 미혼이거나 자녀가 없는 사람들은 자신의 욕구 위주로 휴가 계획을 짤 것이다. 어린 자녀가 있고, 배우자가 있는 경우라면 여러 가지 상황 등을 고려하여 휴가 계획을 짜게 된다. 본래는 외향적이어서 에너지의 외적 발산을 위한 Activity를 선호하여도 어린 자녀와 함께라면 안전성 등을 고려하여 어린 자녀와 실내에서의 정적인 활동을 계획하게 된다. 자녀가 어느 정도 성장하여 외부활동에 크게 제약받지 않는 연령이 되었을 때는 또 달라질 것이다.

직업적인 영향도 상당하여 본래 자신의 성향은 조용히 사색하거나 안정성을 추구하며 예측 가능한 것을 선호하였으나, 서비스직에 속하였다면 직업적 적응성에 따라 외향적 성향을 보이게 되는 것이다. 즉, 본래의 자신과 사회적인 자신이 다를 수도 있다는 것이다.

다음의 세 가지로 자신이 외향(E)인지, 내향(I)인지를 간단히 체크할 수 있다. '사람들 앞에 자신을 드러낼 때, 나는 편안한가?' 아니면 '긴장되고 불편한가?', '서너 가지의 일을 동시에 진행할 수 있는가?' 아니면 '한 번에 한 가지 일에만 집중하는가?', '많은 친구와 넓게 관계하는가?' 아니면 '몇 명의 친구와 좁지만 깊게 관계하는가?' 앞의 질문을 선택하였다면 외향(E), 뒤의 질문을 선택하였다면 내향(I)일 가능성이 높다.

감각(S)과 직관(N)은 외부의 정보를 받아들이는 인식 기능으로 감각은 오감을 활용하고, 직관은 이미지나 연상, 심상을 활용하여 외부 세상을 파악한다. 감각형은 세부적이고 꼼꼼하여 숲(전체)보다는 나무(부분)를 바라보는 유형으로 물리적인 자극들을 오감으로 직접 경험하기 때문에 현실과 마주하여 사실적이고 실제적인 표현이 많다. 반면, 직관형은 나무(부분)보다는 숲(전체)을 보며, 보다 큰 이상을 꿈꾸며 현실보다는 과거나 현재 미래를 아우르는 특징이 있다. 표현방식으로도 상상이나 연상, 추상적인 표현을 자주 한다. 직관형은 자신의 주관적으로 평가를 하며 이는 사실적으로 평가하기보다는 은유적이고 비유적으로, 현실보다는 미래 가능성에 초점을 둔다.

감각형이 직관형과의 원활한 소통을 위해서는 실제적이고 세부적인 것들이 큰 틀의 맥락에서 어떤 의미를 담고 있는지를 설명해 주는 것이 필요하다. 직관형이 감각형과의 소통을 위해서는 자신의 큰 그림이 무엇인지 세부적인 내용을 표현하면 도움이 된다.

다음의 질문으로 자신이 감각형인지 직관형인지를 알 수 있다. '현재 마주한 상황과 미래의 변화 가능성 중 어느 곳에 더 몰입이 되었는가?', '자신은 구체적으로 표현하는 편인가', 아니면

'비유적으로 표현하는 편인가?', 과일 사과 하면 '색깔이나 모양, 맛이 떠오르는가?' 아니면 '스피노자, 새로운 제품 구상, 기상변화로 인한 생태 등이 떠오르는가?'

앞서 세상의 정보를 받아들여 인식한 정보를 판단하는 기능으로 사고(T)와 감정(F)이 있다. 사고형은 감정형에 비하여 상대적으로 이성적이고 논리적인 반응이 선행되고, 감정형은 사고형에 비하여 상대적으로 이성적인 반응보다 감정 반응이 먼저 나온다. 사고형의 표현은 냉혈한 같다거나, 감정 바보로 느껴지기도 한다. 사고형은 감정적인 자극에 대해 의도적이거나 무의식적으로 경계하게 된다. 이들은 논리적이고 분석적이어서 관계보다는 일이나 목표, 결과 중심적이며, 공과 사를 구분할 때 감정이나 관계는 그다지 중요하지 않을 수 있다. 감정적인 공감보다는 문제의 분석이 우선적이어서 공감을 필요로 하는 상대로 하여금 마음이 전해지지 않는다는 피드백을 받기도 한다. 이들의 공감은 문제를 해결하는 것이 더 우선적이고 감정형이 바라는 공감과는 거리가 멀다. 반면, 감정형은 감정이 우선으로 관계중심, 관계의 영향을 고려해서 결정하게 된다. 문제의 논리성과 합리성을 기반으로 하는 분석보다는 감정적 공감이 빠른 편이다. 이들은 상대와 소통할 때 얼굴 표정부터가 다르다.

사고형이 감정형과 대화나 소통을 할 때는 먼저 친근감을 표현하여, 상대방을 반긴다는 분위기로 시작하는 것이 좋다. 사고형인 자신이 생각하는 것보다 훨씬 더 칭찬을 자주 하고 비판의 표현은 더 부드럽게 하여야 한다. 반면, 감정형이 사고형과 소통할 때는 감정 표현을 최대한 줄이고 전하고자 하는 핵심 내용만을 명확히 전하는 것이 좋다.

다음의 질문으로 사고형과 감정형을 간단히 체크해 볼 수 있다.

'가난한 청소년 가장이 물건을 훔치는 상황을 본 자신의 반응은?(옳고 그름/상황과 관계)', '친구 또는 직장 동료의 세련되지 않은 패션 스타일에 대해 어떻게 반응할 것인가?(사실대로/상대방의 기분을 고려)', '드라마나 영화 주인공의 눈물짓는 연기를 본 자신의 반응은?(외부 관찰자적 입장/내부 참여자의 입장으로 동조하는지)' 앞의 답은 사고(T), 뒤의 답은 감정(F)형이다.

마지막으로 앞에서 결정에 이르렀다면 어떠한 생활 및 행동양식인가에 따라 판단(J)형과 인식(P)형으로 나뉜다. 판단형은 자신의 판단을 유지하는 경향으로 '계획적이다'라는 평가를 많이 받는 반면, 인식형은 그때그때의 상황에 맞춰 생활하는 경향이 높아 '즉흥적이고 순발력이 있다'는 평가를 받는다.

판단형은 자신이 집중하는 것에 계속 나아가고, 지금까지의 정보 수집으로 최종 결정이 이뤄지면 더 이상의 정보 수집에는 관심을 두지 않는다. 한번 계획한 것을 지속적으로 추진하는 것에 익숙하다. 마감시간이 정해지면 마감시한을 염두에 두기 때문에 마감시한을 넘기지 않는다. 반면, 인식형은 무언가 결정한 이후에도 정보 수집을 멈추지 않는다. 어떤 결정을 한 이후에도 다른 정보들에도 개방적이고 유연한 편이다. 마감시한이 정해졌어도 마감시한 전까지 여유를 부리다가 마감시한이 임박해 오면 그때서야 시작점이라 여겨 마감시한을 넘기는 경우가 많다.

예를 들어, 시험을 앞두고 판단형은 매일매일 하루에 공부할 분량을 각 과목별로 작고 구체적으로 쪼개어 목표를 정하여 실행한다. 반면, 인식형은 시험일이 목전에 다가왔을 때 벼락치기를 한다. 집중력이 짧고 다른 것에 관심도가 높아 주의력이 떨어지는 것을 방지하고 더 좋은 결과를 얻기 위해 인식형은 보다 구체적이고 작은 목표를 이룰 수 있는 계획을 세워 스스로 체크하며 목표 실행을 시각적으로 확인하는 것이 도움 된다.

판단형이 인식형과 함께 일을 추진할 때는 아이디어 단계와 결정단계를 유연하게 허용하여야 한다. 반면, 인식형이 판단형과 일을 추진할 때는 원래의 마감시한보다 더 일찍 마치려는 목표를 세우는 게 좋다.

다음 질문으로 판단형과 인식형을 체크해 볼 수 있다.

'자녀와 함께 처음 가 본 장소에서 활동 순서를 정할 때, 전체적인 동선 및 활동 특성 등을 고려하는지, 눈에 띄는 활동부터 정하는지?', '대청소를 할 때, 정해진 순서대로 정해진 시간 안에 끝내는지, 정리하다가 발견된 사진이나 메모지 등에 시선을 빼앗기는지?', '이메일 확인 요청을 받았을 때 이메일을 먼저 확인하는지, 컴퓨터를 켜서 오늘의 뉴스, 이슈, 검색어 등으로 이메일 확인이 늦어지거나 잊지는 않는지?' 앞의 답은 판단(J), 뒤의 답은 인식(P)형이다.

지금까지 살펴본 내용을 바탕으로 다음을 적어 보자.

나의 기질과 성향	배우자의 기질과 성향

나와 배우자는 어렸을 때 어떤 기질의 아이였는가? 기억이 나는 부분과 기억나지 않는 부분, 주변으로부터 들었던 기질과 성향을 떠올려 보자.
(또는 자신의 어린 시기를 기억하고 있는 가족과 친구들의 인터뷰를 통해서 알 수도 있다.)

기질 및 성향으로 인해 성인기 이후까지도 겪어야만 했던 불편한 점은 무엇인가?

예를 들어, 직업적으로 사람과의 대면이 많거나 상호 소통을 많이 해야 하는 위치임에도 너무도 내향적이고 소극적이어서 위축되거나 불안감이 높아 극도의 긴장감 등으로 마음의 준비시간이 타인보다 더 필요한 경우, 이와는 반대로 외향적이어서 자신의 의사를 적극적으로 자주 표현해야 했지만 타인의 의사를 더 조용히 경청해야 하는 위치에 있었던 경우 등.

자신의 기질 및 성향적 특성으로 성인기 이후 현재까지도 좋은 점은 무엇인가?

예를 들어, 새로운 사람이나 환경 등에 빠르게 적응할 수 있었거나, 이와는 반대로 끈질기게 무엇인가를 탐색하고 집요하게 파고들어 자신만의 성취를 이뤘던 경우 등.

지금까지 자신과 배우자의 기질 및 성향에 대해 알아보았다.
이제 자신과 배우자 그리고 자녀와의 기질 및 성향 차이에 대해 자세히 알아보자.

자신(또는 배우자)과 자녀의 기질 및 성향 차이로 현재 겪고 있는 어려움은 무엇이 있는가? 예를 들어, 다양한 상황(식사할 때, 씻을 때, 책을 볼 때, 활동 및 놀이를 할 때, 카시트에 앉힐 때, 옷 갈아입을 때, 양치할 때, 미디어 기기의 노출에 대한 태도 등)을 떠올려 보고 적어 보기 바란다.

그 어려움은 부모 자신의 어려움인가, 아니면 자녀의 어려움인가?

예를 들어, 만 1세의 자녀가 숟가락질을 해 보겠다고 자꾸 흘릴 때 이를 지켜봐 주거나 기다리지 못하고 자꾸 흘리지 않도록 지적하거나 흘리는 것을 견디지 못하여 숟가락질을 아예 해 보지도 못하게 하고 떠먹여 주는 경우, 이는 누구의 어려움일까?

자신의 삶의 방식 및 관계 패턴을 알아보자.

- 나는 현재 누구이고 무엇을 하는 사람인가?

- 나는 주로 어떤 가치와 생각을 가지고 행동하나?

- 지금 나의 삶의 목표와 동기는 무엇인가?

- 나의 문제 해결 방식은 어떠한가?

• 나는 주변의 친구 또는 아는 사람들과의 관계가 어떠한가?

• 나를 잘 표현할 수 있는 형용사를 3개만 적어 보자. (예 : 느긋한, 자신감이 있는, 정직한, 배려심 있는, 예의 바른, 부지런한 등)

• 나는 대인관계에서 어떤 어려움이 있는가?

배우자와의 정서적인 친밀감을 알아보자.

• 배우자와의 관계에서 좋았던 기억은 무엇인가?

• 배우자와의 관계에서 감동적인 것은 무엇인가?

• 배우자와의 관계에서 가장 스트레스 받는 부분은 무엇인가?

• 배우자와의 관계에서 가장 힘든 부분은 무엇인가?

• 배우자와의 관계에서 가장 슬펐던 때는 언제인가?

• 배우자와의 관계에서 나에게 가장 상처가 되고 실망한 것은 무엇인가?

• 내가 배우자에게 원하는 것 중 한 가지를 적는다면 무엇인가?

• 내가 배우자를 위하여 할 수 있는 것 중 한 가지를 적는다면 무엇인가?

- 배우자와 서로 협상되어야 할 것이 있다면 그것은 무엇인가?

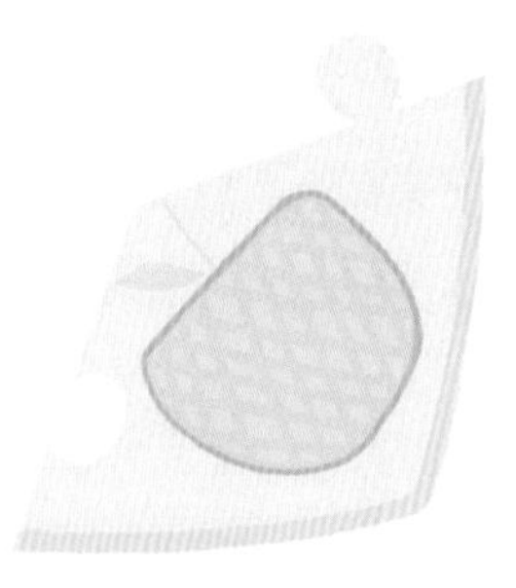

의사소통 방식

부부 상호 의사소통 방식은 어떠한가?

다음의 부부 대화 진단을 통해 자신의 부부 대화 개선 방안을 찾아보길 바란다.

다음 사항에 해당하는 것을 직접 기입하거나 보기 중에 골라 체크(√)하시오.

1. 하루 평균 배우자와 대화하는 시간이 어느 정도입니까? ____시간 ____분
2. 배우자와 대화할 때 주된 주제는 무엇입니까?

____

3. 자신과 배우자는 다음의 여러 대화 유형 분류에서 각각 어떤 대화 유형에 속합니까? 해당하는 곳에 체크(√)하시오. **(다음 p.73의 의사소통 유형 참조)**

A : Hawkins 등(1980)의 의사소통 유형

1) 차단형(자신 □, 배우자 □)
2) 표출형(자신 □, 배우자 □)
3) 억제형(자신 □, 배우자 □)
4) 친숙형(자신 □, 배우자 □)

B : Satir의 의사소통 유형(스트레스 상황에서)

1) 회유형(자신 □, 배우자 □)
2) 비난형(자신 □, 배우자 □)
3) 초이성형(자신 □, 배우자 □)

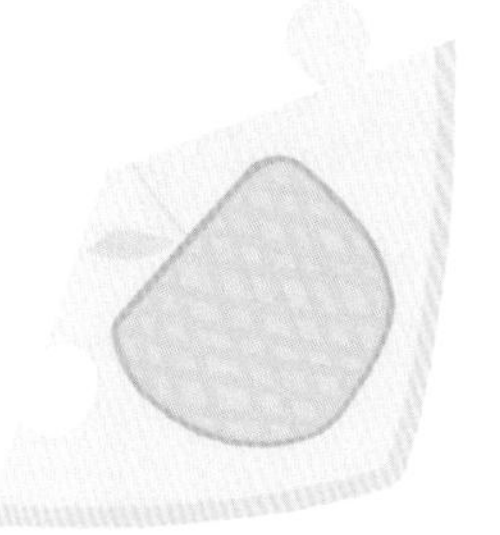

4) 산만형(자신 □, 배우자 □)

5) 일치형(자신 □, 배우자 □)

4. 스트레스 상황에서 배우자와 어떻게 대화하는지 해당하는 곳에 체크(√)하시오.

1) 나는 마음속 얘기를 배우자에게 잘하는 편이다. (예 □, 아니오 □)

2) 나의 감정과 기분을 배우자에게 잘 말하는 편이다. (예 □, 아니오 □)

3) 배우자를 공격하는 듯한 말이나 거친 말을 한 적이 있다. (예 □, 아니오 □)

4) 대화할 주제에서 벗어나지 않는 편이다. (예 □, 아니오 □)

5) 말하기 전에 미리 생각해 보고 말을 하는 편이다. (예 □, 아니오 □)

6) 내가 바라는 것에 대해 분명하게 표현한다. (예 □, 아니오 □)

7) 배우자의 말을 끝까지 듣고 난 후 대답하는 편이다. (예 □, 아니오 □)

8) 배우자의 말에 귀 기울이고 집중해서 듣는 편이다. (예 □, 아니오 □)

9) 배우자의 말을 들을 때 그 이면의 감정까지 이해하는 편이다. (예 □, 아니오 □)

10) 들으면서 배우자의 속사정을 잘 이해하는 편이다. (예 □, 아니오 □)

11) 배우자가 하고 싶은 얘기를 충분히 하도록 반응하고 격려한다. (예 □, 아니오 □)

12) 정확하게 들었는지 확인하기 위해 들었던 말을 요약하는 편이다. (예 □, 아니오 □)

13) 의견 충돌이 생기면 상대방 입장을 파악하려고 하는 편이다. (예 □, 아니오 □)

14) 문제를 의논하기 위한 시간과 장소를 미리 제안한다. (예 □, 아니오 □)

15) 문제에 대해 차분하게 대화로 해결하려고 한다. (예 □, 아니오 □)

16) 배우자에게 나의 결정에 따르도록 강요하는 경우도 있다. (예 □, 아니오 □)

17) 배우자와 의견이 대립되어 말싸움을 한 적이 있다. (예 □, 아니오 □)

18) 문제에 대해 의논해도 해결되지 않아 대화가 소용없다는 생각을 한 적이 있다. (예 □, 아니오 □)

※ 채점 시 1번~2번 문항과 4번~15번 문항은 '예'를 1점씩으로 계산하고, 3번, 16번~18번 문

항은 '아니오'를 1점씩으로 하여 합산한다.

- 부부 대화에서 나의 말하는 방법은?(1번~6번 점수합계) ________
- 부부 대화에서 나의 듣는 방법은?(7번~12번 점수합계) ________
- 부부 대화에서 나의 갈등 해결 방법은?(13번~18번 점수합계) ________
- 부부 대화에서 내가 개선해야 할 노력이 필요한 것은?(위의 각각의 총 점수가 3점 이하는 개선 노력이 필요함.)

____

5. 부부 대화의 유형, 스타일, 방법 전반에서 자신이 바꾸고 노력해야 할 것은?

- 대화 유형 : ____
- 대화 스타일 : ____
- 대화 방법 : ____

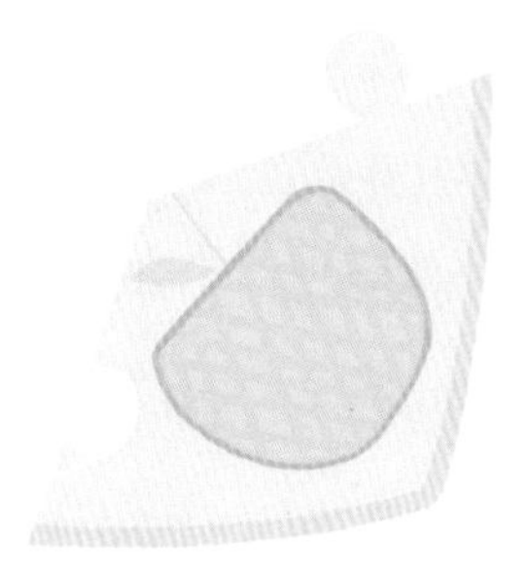

자녀와의 상호 의사소통 방식은 어떠한가?

다음 자녀와의 대화 진단을 통해 대화 개선 방안을 찾아보길 바란다.

다음 사항에 해당하는 것을 직접 기입하거나 보기 중에 골라 체크(√)하시오.

1. 하루 평균 자녀와 대화하는 시간이 어느 정도입니까? ____시간 ____분
2. 자녀와 대화할 때 주된 주제는 무엇입니까?

____

3. 자신과 자녀는 다음의 여러 대화 유형 분류에서 각각 어떤 대화 유형에 속합니까? 해당하는 곳에 체크(√)하시오.

A : Hawkins 등(1980)의 의사소통 유형

1) 차단형(자신 □, 자녀 □)
2) 표출형(자신 □, 자녀 □)
3) 억제형(자신 □, 자녀 □)
4) 친숙형(자신 □, 자녀 □)

B : Satir의 의사소통 유형(스트레스 상황에서)

1) 회유형(자신 □, 자녀 □)
2) 비난형(자신 □, 자녀 □)
3) 초이성형(자신 □, 자녀 □)
4) 산만형(자신 □, 자녀 □)
5) 일치형(자신 □, 자녀 □)

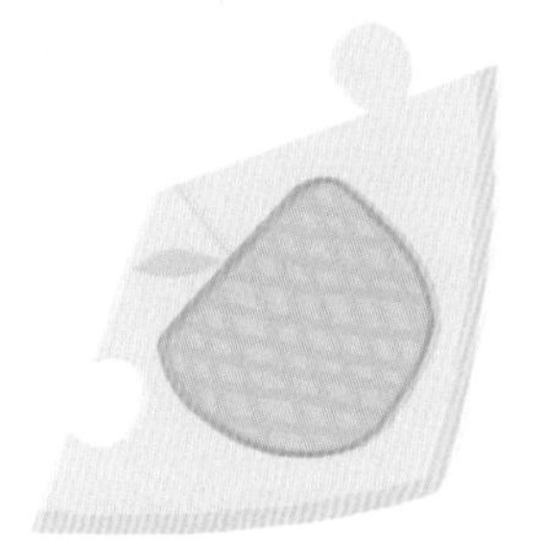

4. 스트레스 상황에서 자녀와 어떻게 대화하는지 해당하는 곳에 체크(√)하시오.

1) 나는 자녀에게 하고 싶은 말을 솔직하게 하는 편이다. (예 □, 아니오 □)

2) 나의 감정과 기분을 자녀에게 잘 말하는 편이다. (예 □, 아니오 □)

3) 자녀를 공격하는 듯한 말이나 거친 말을 한 적이 있다. (예 □, 아니오 □)

4) 대화할 주제에서 벗어나지 않는 편이다. (예 □, 아니오 □)

5) 말하기 전에 미리 생각해 보고 말을 하는 편이다. (예 □, 아니오 □)

6) 내가 바라는 것에 대해 분명하게 표현한다. (예 □, 아니오 □)

7) 자녀의 말을 끝까지 듣고 난 후 대답하는 편이다. (예 □, 아니오 □)

8) 자녀의 말에 귀 기울이고 집중해서 듣는 편이다. (예 □, 아니오 □)

9) 자녀의 말을 들을 때 그 이면의 감정까지 이해하는 편이다. (예 □, 아니오 □)

10) 들으면서 자녀의 속사정을 잘 이해하는 편이다. (예 □, 아니오 □)

11) 자녀가 하고 싶은 얘기를 충분히 하도록 반응하고 격려한다. (예 □, 아니오 □)

12) 정확하게 들었는지 확인하기 위해 자녀의 말을 요약하는 편이다. (예 □, 아니오 □)

13) 의견 충돌이 생기면 자녀의 입장을 파악하려고 하는 편이다. (예 □, 아니오 □)

14) 문제를 의논하기 위한 시간과 장소를 미리 제안한다. (예 □, 아니오 □)

15) 문제에 대해 차분하게 대화로 해결하려고 한다. (예 □, 아니오 □)

16) 자녀에게 나의 결정에 따르도록 강요하는 경우도 있다. (예 □, 아니오 □)

17) 자녀와 의견이 대립되어 말싸움을 한 적이 있다. (예 □, 아니오 □)

18) 문제에 대해 의논해도 해결되지 않아 자녀와의 대화가 소용없다는 생각을 한 적이 있다. (예 □, 아니오 □)

※ 채점 시 1번~2번 문항과 4번~15번 문항은 '예'를 1점씩으로 계산하고, 3번, 16번~18번 문항은 '아니오'를 1점씩으로 하여 합산한다.

- 자녀와의 대화에서 나의 말하는 방법은?(1번~6번 점수합계) ________

- 자녀와의 대화에서 나의 듣는 방법은?(7번~12번 점수합계) ________

- 자녀와의 대화에서 나의 갈등 해결 방법은?(13번~18번 점수합계) ________
- 자녀와의 대화에서 내가 개선해야 할 노력이 필요한 것은?(위의 각각의 총 점수가 3점 이하는 개선 노력이 필요함.)

____

5. 자녀와의 대화 유형, 스타일, 방법 전반에서 부모로서 자신이 바꾸고 노력해야 할 것은?

- 대화 유형 : ____
- 대화 스타일 : ____
- 대화 방법 : ____

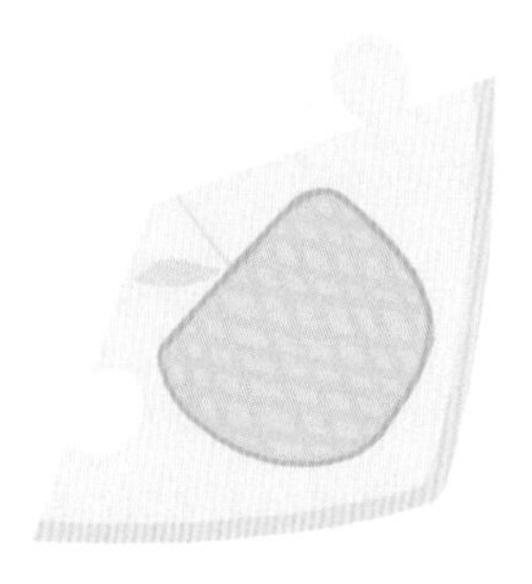

Hawkins 등(1980)의 의사소통 유형 참고

언어표현 \ 감정표현	적음	많음
적음	**차단형** (가장 바람직하지 않음)	**표출형**
많음	**억제형**	**친숙형** (가장 바람직)

차단형

언어·감정표현이 매우 적어 자신을 개방하지 않는 유형.

표출형

자신의 상태를 언어로 표현하지 않으나 감정은 잘 노출하여 타인으로 하여금 감정의 변화를 쉽게 알 수 있게 하는 유형.

억제형

언어표현은 많으나 감정 노출은 적은 유형으로 이성적인 면에 치중하는 유형.

친숙형

언어 및 감정표현을 적절히 함으로써 자신을 개방하는 유형.

Satir의 의사소통 유형 참고

스트레스 상황에서의 대처 방식과 전략으로 자존감이 낮은 사람은 회유형, 비난형, 초이성형, 산만형 등의 네 가지 역기능적인 의사소통 유형으로 대처한다. 반면, 자존감이 높은 사람은 일치적 의사소통유형을 보인다고 하였다.

다음 의사소통 유형을 살펴보자.

회유형

상대방과의 갈등을 싫어하여 무조건 상대방을 기분 좋게 하고 상대방의 기분을 망치지 않으려 애쓰며 자신의 가치나 감정을 무시하고 숨기는 것이 특징이다. '나는 항상 좋은 사람이어야 한다. 어느 누구에게도 화를 내서는 안 된다'는 신념이 내재되어 있을 가능성이 있다. "당신이 어떻게 해도 나는 괜찮아", "당신이 좋다면 나는 다 좋아", "나 혼자 참아서 집안이 조용하다면 그것으로 좋아"라는 표현을 자주 한다. 이 유형의 사람들은 상대방이 조금이라도 불편해하면 무조건 먼저 잘못했다고 사과를 하거나 자신의 감정과는 상관없이 상대방의 비위를 거스르려 하지 않는다. 현재 처한 상황과 상대방에 대한 존중은 있으나 자신은 무시하게 되고 저자세로 살면서 자신의 주장을 펴지 못하며 살아가는 경향이 있다. 그 결과 내면의 불만과 불평이 누적되어 신경과민과 우울을 경험하게 된다. 이 유형의 강점자원은 타인에 대한 민감성과 배려를 들 수 있다.

비난형

자신의 잘못은 하나 없고, 상대방에게 모든 잘못의 원인이 있다고 여기며, 자신은 항상 옳고 떳떳하다고 주장한다. "네가 항상 문제야", "네가 제대로 아는 것이 뭐야?", "도대체 왜 맨날 이러는 거야? 어디 잘못된 것 아냐?" 등과 같은 표현을 자주 한다. 이들은 겉으로는 아주 강하고 힘이 있는 사람처럼 보이나 내면에 열등감이 있어서 자신을 보호하고 다른 사람이 자신을 힘 있고 강인한 사람으로 인식하게 하려는 욕구가 매우 높아 타인의 잘못을 찾아내어 비난한다. 이들의 거친 비난은 내면의 외로움과 열패감, 소외감 등을 호소하는 것의 반사적 표현이다. 현재 처한 상황과 자신은 존중하나 상대방에 대해서는 이해하려 하지 않고 오직 타인의 잘못과 약점을 지적하고 비난하여 화를 잘 내고 폭력과 폭언을 사용할 가능성이 높은 것이 특징이다. 이 유형의 강점자원은 자기주장을 강하게 하는 것이다.

초이성형

자신이 똑똑하고 지적이며 합리적인 사람이라 여기며 항상 옳은 소리만 하여 상대방이 싫은 소리를 해도 전혀 감정적인 반응을 보이지 않아 감정이 없는 사람처럼 보이는 유형이다. 이들은 자주 "논리적으로 살펴보면", "그것이 이치와 상식에 맞는 말인가?", "그것이 원칙에 맞는 일이야?"라고 말한다. 상대방의 감정적 반응에도 차분하고 논리정연하게 설명하고 원칙을 주장하므로 타인으로 하여금 반론을 제시하기 어렵게 한다. 이들은 자신이 감정적으로 휘말리지 않는 것을 자랑스럽게 생각하고 모든 상황에서 따져 보고 인지적이고 논리적으로 정확하여야 안심하는 특징이 있다. 그렇지만 자신과 상대방의 감정을 다루는 데는 미숙하여 상대방으로 하여금 감정이 결여된 로봇과 같은 느낌을 준다. 논리와 원칙을 중시하는 경직된 태도의 그 이면에는 상처받을까 두려운 마음과 고립감, 강박감과 긴장감이 있다. 상황만 중시하고 자신과 타인은 무시하는 특징이 있으며, 강점자원으로는 지식을 들 수 있다.

산만형

타인의 말에 직접 반응하기보다는 대화의 주제에서 이탈하거나 현재 상황과 관련 없는 이야기들을 하여 주위가 매우 산만할 정도의 행동을 한다. 대화에 일정한 방향이 없고 주제와 관련

없는 말들로 요점이 없고 계속 분주히 움직여 대화 주제에 주의집중이 어려운 특징이 있다. "날 좀 내버려둬", "난 이런 무거운 분위기는 질색이야. 뭐가 이렇게 심각해?", "내가 하는 것에 상관하지 마" 등과 같은 표현을 한다. 이들은 진지한 논쟁을 두려워하고 깊이 있는 대화를 하는 상황에 자신이 부적절하다는 생각과 혼란으로 불편한 주제나 상황에서 벗어나고자 과잉행동을 하거나 분위기를 망치는 부적절한 행동으로 타인과의 진지한 대화를 피하려는 숨은 의지가 있다. 자신과 타인, 상황 모두를 무시하는 특징이 있으며, 강점자원으로는 즐거움, 창의력, 자유추구 등을 들 수 있다.

일치형

건강하고 기능적인 의사소통 유형으로 자존감이 높고 언어표현과 표정, 음성, 어조 등의 비언어적인 표현과 자신의 감정표현이 일치된 태도로 자신이 표현하고자 하는 내용이 상황과 적절하고 명확하다. 상대방의 질문에 되묻거나 돌려 말하지 않고 구체적이고 분명하며, 질문에 대해 솔직한 답을 한다. 또한, 상대방의 의견이나 생각, 행동 및 상황을 고려하여 비판과 비난을 하기보다 자신의 의사를 적절히 표현하여 전달한다. 이들은 내적으로 조화와 균형감, 안정감을 갖고 창의적이고 생산적인 행동을 한다. 자신의 고유성과 개성을 유지하며 외적 변화에 개방적이고 유연하며 평소의 태도와 음성, 어조, 표정이 자연스러워 내적·외적 일치감이 있다. 자신과 타인, 상황 모두를 존중하는 특징이 있으며, 강점자원으로는 높은 자존감과 관계성, 연결감을 들 수 있다.

다음으로 양육자로서 자신은 자녀의 어떤 행동에 대해 '이것만은' 참을 수 없는지를 살펴보자.

예를 들어, 아직 영아기인 자녀가 식사시간에 숟가락을 쓰지 않고 자신의 손으로 음식을 먹을 때 흘리는 것을 발달의 과정이라 여기고 두는 부모와 흘리는 것을 견디지 못하고 계속 떠먹여 주는 부모가 있다. 이 책을 보고 있는 부모는 어느 쪽인가? 놀이를 할 때에도 계속 정리를 해 가며 놀이를 해야 한다는 쪽과, 놀이 시간 동안엔 허용된 공간과 시간에서는 놀잇감이 나와 있어도 괜찮은 쪽인지 등으로 적어 보자.

부모로서 자녀에게 이것만은 꼭 알려 주고 싶은 것은 무엇인지를 살펴보자.

예를 들어, 누구에게나 인사를 잘하는 아이로 키우고 싶은지, 예의범절, 공중도덕 잘 지키기, 배려 잘하기, 인성 좋은 아이, 책 읽기를 좋아하는 아이, 부지런한 아이, 스스로 하는 아이, 자주·독립적인 아이, 창의적인 아이 등으로 자랐으면 하는 바람이 있다면 적어 보고 이렇게 자라기 위해서는 부모로서 어떤 태도로 일상 모델링이 되어야 하는지를 적어 보자.

자녀의 성격 유형 점검하기

자녀의 성격 유형을 점검해 보는 것도 좋겠다. 각각 해당하는 것들을 적어 보고, 더 많은 특징들이 있는 곳이 자녀의 성격 유형일 가능성이 높다(어린이 및 청소년 성격유형검사 안내서, 김정택 · 심혜숙).

[E/I] 자녀의 외향/내향에 따른 행동 특징과 언어 표현의 특징을 적어 보자.

외향	내향
그래서 내 아이는 (외향_E / 내향_I) 같다.	

외향형(E) 아이들의 특징

- 낯선 장소나 낯선 사람들이 있는 곳에 가더라도 불편해하지 않는다.
- 모르는 사람들이 많이 모여 있는 곳에서도 비교적 활발하게 행동하는 편이다.
- 함께 놀이하거나 동적인 놀이 및 활동을 선호한다.
- 자신의 감정 표현에 적극적이고, 명확하여 부모가 알아채기 쉽다.
- 자신의 의사표현에 적극적이다.
- 활발하고 적극적이라는 평을 많이 듣는 편이다.

내향형(I) 아이들의 특징

- 낯선 장소나 낯선 사람들이 있는 곳에 가면 매우 불편해한다.
- 평소 침착하고 조용하다는 말을 자주 듣는다.
- 혼자 놀거나 정적인 놀이 및 활동을 하는 모습이 자주 눈에 띈다.
- 충분히 생각하거나 주변을 탐색한 다음 행동하는 편이다.
- 부끄러움을 쉽게 타는 편이다.
- 낯가림이 있고, 소극적이다.
- 자신의 의견이나 감정을 표현하는 데 재빠르지 않은 편이다.
  (평소 '느리다'는 말을 많이 듣는다.)
- 자신의 의사를 먼저 말하기보다는 누군가 물어보았을 때 대답하는 편이다.
- 낯선 곳에서의 탐색을 주저한다.
- 자신만의 생각에 빠져 있는 경우가 자주 있다.

[S/N] 자녀의 감각/직관에 따른 행동 특징과 언어표현의 특징을 적어 보자.

감각	직관
그래서 내 아이는 (감각_S / 직관_N) 같다.	

감각형(S) 아이들의 특징

- 비유적이고 상징적인 표현보다는 구체적이고 정확한 표현을 잘 이해한다.
- 주변 사람들의 외모나 다른 특징들을 잘 기억한다.
- 꾸준하고 참을성 있다는 말을 자주 듣는 편이다.
- 놀이나 활동할 때 세부적인 내용을 잘 기억하는 편이다.
- 손으로 직접 만지거나 조작하는 것을 좋아한다.
- 꼼꼼하다는 말을 자주 듣는 편이다.
- 새로운 일이나 활동보다는 익숙한 일이나 활동을 편안해한다.
- '그게 정말이야?'라는 식의 사실 확인 질문을 많이 한다.
- 새로운 방법을 시도하기보다는 남들이 하는 대로 따라서 하는 것을 편안해한다.
- 눈썰미가 있고, 눈치가 빠른 편이다.
- 지금 해야 할 것을 잘 챙기는 편이다.

직관형(N) 아이들의 특징

- 상상(또는 미래) 속의 이야기를 잘 만들어 내는 편이다.
- 종종 물건을 잃어버리거나 어디에 두었는지 기억을 못할 때가 있다.
- 창의력과 상상력이 풍부하다는 말을 자주 듣는다.
- 다른 아이들이 생각하지도 않은 엉뚱한 행동이나 상상을 할 때가 종종 있다.
- (다소 엉뚱하거나 황당한) 질문을 많이 하는 편이다.
- 공상 속의 친구가 있기도 하다.
- 신기한 것에 호기심이 많다.
- 새로운 것을 탐색하는 것을 좋아한다.
- 장난감을 분해하고 탐색한다.
- '하고 싶다, 되고 싶다'는 꿈이 많은 편이다.

 [T/F] 자녀의 사고/감정에 따른 행동 특징과 언어표현의 특징을 적어 보자.

사고	감정
그래서 내 아이는 (사고_T / 감정_F) 같다.	

사고형(T) 아이들의 특징

- '왜?'라는 질문을 자주 한다.
- 옳고/그름, 진실, 공정, 정의, 규칙, 질서 등에 대한 관심이 많다.
- 의지와 끈기가 강한 편이다.
- 궁금한 점이 있으면 꼬치꼬치 따져서 궁금증을 해소하려 한다.
- 참을성이 있다는 말을 자주 듣는다.
- 야단을 맞거나 벌을 받아도 눈물을 잘 보이지 않는 편이다.
- 한번 마음먹은 일은 꾸준히 밀고 나가는 편이다.
- 자신이 무엇인가를 잘했을 때 직접적인 칭찬을 받아야 좋아한다.
- 합당한 이유 또는 영혼 없는 칭찬은 싫어한다.
- 무턱대고 하는 신체접촉은 싫어한다.
- 논리적이고 구체적인 설명으로 부모나 친구들을 설득하는 편이다.
- TV나 책 등에서 경찰관이 악당을 벌주는 내용이 나오면 매우 신나한다.
- 능력 있고 박학다식한 성인을 좋아한다.

감정형(F) 아이들의 특징

- 부모님이나 선생님의 말을 잘 듣는 편이다.
- 감정이 풍부하고 인정이 많다는 말을 많이 듣는다.
- 정이 많고 순하다는 말을 자주 듣는다.
- 주위에 불쌍한 사람이나 친구들이 있으면 마음 아파하고 도와주고 싶어 한다.
- 야단을 맞거나 벌을 받으면 눈물부터 흘린다.
- 다른 사람의 반응(평가 및 시선 등)에 민감하다.
- 혼나기 전에 미리 잘못했다고 하는 편이다.

- 갈등을 싫어하고 자신이 먼저 사과하거나 양보하는 편이다.
- 친절하고 다정하다는 소리를 자주 듣는다.
- 타인을 배려하느라 자신의 것을 잘 챙기지 못한다.
- 자신이 조금 손해 보더라도 관계성을 추구하는 편이다.

[J/P] 자녀의 판단/인식에 따른 행동 특징과 언어표현의 특징을 적어 보자.

판단	인식
그래서 내 아이는 (판단_J / 인식_P) 같다.	

판단형(J) 아이들의 특징

- 계획을 미리 상세히 하여, 그 계획에 따라 생활하는 것을 좋아한다.
- 자신의 할 일을 먼저 해 놓고 노는 편이다.
- 해야 할 일이 있을 때는 미리 여유 있게 계획을 짜 놓는다.
- 마지막 순간에 임박해서 하는 것을 싫어한다.
- 계획에 따라 규칙적인 생활을 하는 편이다.
- 목표가 뚜렷하고 자신의 의견을 분명히 표현하는 편이다.
- 계획에 없던 일이 생기면 힘들어하거나 짜증을 낸다.
- 예정에 없던 일이 생겨 계획을 변경해야 할 때 힘들어한다.
- 깨끗이 정돈된 상태를 좋아한다.
- 돌발적인 일은 불편해하고, 포기하려는 경향이 있다.

인식형(P) 아이들의 특징

- 계획을 세우지 않고 일이 생기면 그때그때 처리하는 편이다.
- 어떤 일을 할 때 미루고 미루다가 마지막 순간에 한꺼번에 처리하려는 경향이 있다.
- 방이 어수선하게 흐트러져 있어도 개의치 않는다.
- 타인의 지시에 따르기보다 자신의 마음에 따라 행동하는 것을 좋아한다.
- 준비물 등을 덜 챙기는 편이다.
- 신발이나 옷이 낡고 해져도 크게 신경 쓰지 않는 편이다.
- 자기 것을 덜 주장하고 덜 고집하는 편이다.
- 활동이 많으면서도 '무난하고 점잖다'는 말을 듣는 편이다.
- 학업과 관련된 문제로 부모와 힘들어하는 편이다.
- 의사결정을 할 때, 머뭇거리거나 번복하는 경우가 있다.
- 어떤 활동을 하다가도 새로운 관심사가 생기면 중간에 바뀌는 경우가 있다.

지금까지 살펴본 자녀의 성격 유형별 특징에 따라 강점과 약점에 대해서도 알아보면 도움이 될 것이다. **강점은 키우고 약점은 보완하는 방법을 적어 보자.**

자녀의 성격 유형 지표별 강점과 취약점

자녀의 에너지 방향(E/I) 강점	강점을 키우는 방법
예) 활발하고 적극적이다.	예) 활동의 기회를 제공하고, 토론의 기회를 자주 제공한다.

자녀의 에너지 방향(E/I) 취약점	취약점을 보완하는 방법
예) 참견을 잘한다. 산만하다.	예) 자신의 영역을 정한다. 규칙을 정한다. 한 가지(현재-지금-여기) 일에 집중할 수 있도록 돕는다.

정보 인식 및 활용(S/N) 강점	강점을 키우는 방법
예) 구체적인 표현을 잘한다.	예) 관찰 기회를 여유 있게 제공하고 일지를 쓰도록 한다. 인정과 격려를 자주 한다.

정보 인식 및 활용(S/N) 취약점	취약점을 보완하는 방법
예) 경험하지 못한 것에 대한 아이디어 내는 것이 어렵다.	예) 정보를 미리 숙지한 뒤 마인드맵을 통해 사고를 확장할 수 있도록 한다.

판단기능(T/F) 강점	강점을 키우는 방법
예) 논리적이고 분석적이다.	예) 토론의 기회를 자주 제공하고, 지적 호기심을 충족시킬 수 있도록 한다.

판단기능(T/F) 취약점	취약점을 보완하는 방법
예) 차가워 보이고 타인의 감정에 민감하지 않다.	예) 자신의 감정을 언어로 표현해 보도록 한다. 나전달법 활용해 보기.

행동양식(J/P) 강점	강점을 키우는 방법
예) 계획적이고 약속을 잘 이행한다.	예) 다른 사람, 상황 등을 고려한다. 계획을 구체화하도록 연습한다.

행동양식(J/P) 취약점	취약점을 보완하는 방법
예) 다소 독선적일 수 있고, 융통성이 없다.	예) 개방적인 태도와 대안적 사고를 연습한다.

부모의 성격 유형 지표와 양육태도

다음으로 부모 자신의 양육자로서 성격 유형 지표와 양육태도에 대해 알아보고자 한다.

외향형(E) 부모

강점

- 자녀의 외부세계 경험을 위해 적극적으로 외부의 다양한 활동에 참여하게 한다.
- 자녀에게 타인과 함께 어울릴 수 있는 기회를 자주 제공한다.
- 자녀와의 일상적인 대화를 즐기고 토론하고 질문하는 것을 즐긴다.
- 집 밖의 외부세계(사회, 학교, 자원봉사단체, 이웃 등)에 대해서 잘 알도록 도와준다.
- 어떤 일을 할 때 앞장서서 솔선수범한다.
- 자녀에게 친사회적 기술을 적극적으로 가르치고 어울려 살아갈 수 있도록 한다.
- 여러 사람이나 대가족의 모임에 크게 불편해하지 않거나 즐긴다.

힘든 점

- 영아나 취학 전 자녀와 함께 집에서 혼자 지내는 것에 답답해한다.
- 자녀의 친구관계나 여러 활동이 활발하지 않으면 걱정이 지나칠 수 있다.
- 자녀에 지나치게 관여, 내향형 자녀의 개인적 공간이나 시간을 이해하기 어렵다.
- 자녀와의 대화에서 느긋하게 들어 주기만 하는 역할이 힘들 수 있다.

조언

- 집 안에서 고립되어 있다는 느낌이 들지 않도록 주말 등의 가능한 시간을 활용하여 모임이나 바깥 활동을 하는 것이 좋다.
- 끊임없는 외부 활동과의 조화를 위해 일주일에 한 번 정도는 집에 있는 것이 필요하다.

- 내향형 자녀에 대해 지나친 걱정 대신 믿어 주고 바깥 활동을 격려한다.
- 배우자나 자녀에게서 자신의 외향 성향이 모두 채워지기를 기대하지 않도록 한다.
- 일의 진행 속도를 늦출 필요가 있다.

내향형(I) 부모

강점

- 자녀에 대해 깊이 알고자 하므로 관찰하고 반추한다.
- 자녀에게 조용한 시간과 공간을 제공하여 자녀의 외부활동이 지나치지 않도록 돕는다.
- 혼자서 시간을 보내고자 하는 자녀의 욕구를 이해하고 존중한다.
- 자녀를 온전한 개인으로 인정해 준다.
- 자녀에게 조용하고 침착한 모습을 보여 준다. (실제로는 내면의 갈등이 많을지라도)
- 외부와의 관계보다 가족에게 중점을 둔다.
- 주도하거나 강요하지 않고 자녀 스스로 상호작용하고 활동하는 것을 뒤에서 지켜본다.

힘든 점

- 자녀, 당면한 일, 다른 외부적인 일 등 자신의 성향의 한계를 벗어나는 여러 가지 일에 동시 집중하는 것이 어려울 수 있다.
- 대가족, 다른 많은 타인 및 아이들을 대해야 하는 경우 힘들어한다.
- 활동적인 자녀에게 보조를 맞추는 것이 지칠 수 있다.
- 자녀의 돌발적인 질문과 행동에 즉각적으로 대응하는 것이 어려울 수 있다.
- 자녀에게 전하는 정서적, 인지적 표현이 적극적인 모습이 아니라 종종 무심한 태도로 표현되거나 전달될 수 있다.
- 친구와 어울려 놀고 외부에서 활동하고자 하는 자녀의 욕구를 이해하기 어려울 수 있다.
- 생각을 말로 다 표현하는 외향형 자녀를 수용하는 것이 힘들 수 있다.

조언

- 하루의 일정한 시간이라도 혼자만의 시간을 갖는 것이 필요하다.
- 자신이 개입하지 않고 자녀의 외적 활동을 도와줄 자원을 활용하는 것이 좋다.
- 외향형 자녀와 내향형인 자신의 욕구 사이의 경계를 짓는 것이 좋다. 한계를 느끼기 전에 혼자만의 시간을 가지는 것이 죄책감이나 감정의 폭발을 미연에 막을 수 있다.
- 자녀의 돌발적인 질문에 대해 답변의 시간을 갖도록 한다.
- 너무 지나친 외향적 행동 요구에 거절할 필요가 있다.

감각형(S) 부모

강점

- 자녀가 필요로 하는 곳에 실질적으로 머물러 준다.
- 자녀에게 실질적인 것을 제공하고 실제 세상살이 방법을 알도록 한다.
- 특별한 날에 가족 각자가 좋아하는 음식을 준비하거나 자녀와 함께 게임을 하거나 놀아 주는 것 등 구체적인 방법으로 잘 돌본다.
- 자녀에게 체육활동, 키즈카페, 산책, 여행, 공놀이, 식물 돌보기 등을 통해 풍부한 감각적 경험을 하도록 해 준다.
- 가족의 전통을 중시하며 준수하고자 한다.
- 지식의 실제적이고 실용적인 면을 중시한다.
- '지금-여기'에서의 단순한 삶을 살아가고자 한다.(유령 또는 귀신과 같은 일은 많지 않다, 걱정하지 말고 행복해라)
- 가족을 위해 주변 환경이나 가정환경을 쾌적하게 관리한다.

힘든 점

- 자녀의 상상과 환상을 이해하기 어려워한다.

- 세부적이고 사소한 일들에 지나치게 신경을 쓰는 편이다.(전체<**부분**)
- 자신과 다른, 상식에서 벗어난 듯한 자녀의 언행을 이해하기 어렵다.
- 가족모임을 준비하기, 아이 학교에 보내기, 청소하기 등과 같이 해야 하는 일이나 사소한 모든 일들로부터 스트레스 받거나 압도당하는 듯한 느낌을 자주 받을 수 있다.
- '전체적인 상(像)'을 그리고자 하는 직관형의 자녀가 비실제적이라거나 관찰력이 없다거나 엉뚱하다고 느껴진다.

조언

- 자녀의 가상적인 놀이에 억지로 동참해야 한다는 생각 대신 '그들 스스로' 친구나 책, 활동을 하도록 둔다.
- 새로운 가능성을 모색하기 위해 즐거운 방법으로 브레인스토밍한다.
- 양육자가 SJ(보호자적)라면 일주일에 몇 시간, 또는 하루에 몇 시간이라도 자신을 즐겁게 풍부한 감각적 경험을 일상적으로 만들 필요가 있다.(식물 돌보기, 거품 목욕하기, 그림 그리기, 산책 등)
- 양육자가 SP(예술가적)라면 억지로라도 일주일에 하루 정도는 '집안일하는 날'로 정하여 밀린 일상적인 집안일 때문에 스트레스 받지 않도록 하는 것이 필요하다. 주변인에게 정기적으로 정리, 정돈하는 일에 도움을 받아도 좋다.

직관형(N) 부모

강점

- 창의력과 상상력을 가치 있게 여기며 지지한다.
- 대안과 가능성을 제시하고 자녀로 하여금 선택할 수 있도록 하며 새로운 문제해결 방법 등을 장려한다.
- 각 자녀의 독특한 잠재력을 찾아서 북돋운다.

- 일상적이고 평범한 것에 창의적이고 새로운 방법이나 접근법을 모색하기도 한다.
- 전체적인 윤곽을 보며, 어떤 문제에 대해서도 흑백논리가 아닌 다른 관점, 다양한 가능성, 전체적인 상황을 보려고 한다.

힘든 점

- 비현실적인 기대를 갖기도 하고 실제적인 삶에서 이상을 발견하지 못할 때 자신과 가족에 대한 부적절감과 실망감을 가질 수 있다.
- 지금 현재에 집중하거나 충실하기 어려울 수 있다. (현재 < **이상**)
- 단순한 일을 너무 깊이 생각하기도 한다.
- 어떤 일을 하는 데 드는 시간과 경비, 노력을 구체적으로 알기 어렵다.
- 자녀에게 구체적이고 세부적인 지시를 하는 것이 어렵다.
- 단순하고 지속적인 일(예 : 가사노동)을 힘들어한다.

조언

- 기본적인 가정의 일을 하는 데 실제로 얼마나 많은 시간이 걸리는지 파악하는 것이 다음 시간을 계획하는 데 도움이 된다.
- 감각기능과 구체적인 정보에 대한 능력을 개발하기 위해서는 취미 또는 여가활동으로 압박감 없이 재미로 실행해 보는 것이 좋다.
- 순간순간 살아가는 것을 즐기라. 내일이나 먼 미래의 일에 너무 매달려 지금의 즐거움을 놓치지 않도록 하라.
- 아무것도 안 하기보다는 작은 것이라도 하라. (너무 큰 그림, 거창한 계획 때문에 사소한 것부터 시작하는 것을 미루지 않는 습관)
- 한 가지라도 시작을 해서 마무리하도록 하고, 현재 당면한 과제에 주목하라.

사고형(T) 부모

강점

- 자녀로 하여금 상황을 분석하고 문제를 해결하도록 돕는다.
- 자녀로 하여금 사고하는 방법에 관심을 기울이게 하며 스스로 독립적으로 사고하도록 격려한다.
- 어떤 문제에 대하여 성숙한 수준에서 말하고 가르치고 토의하고 자녀의 물음에 답변함으로써 자녀들의 지적인 발달(호기심, 학습에 대한 애착, 정신적인 도전 등)을 고무시킨다.
- 자녀로 하여금 모든 상황에서 정의와 공정성을 추구하도록 가르친다.
- 가르치고 행동을 수정하는 방법에 있어 논리적인 원인과 결과에 바탕을 두도록 한다.
- 자녀에게 독립적이고 유능한 여성(또는 남성)의 역할 모델을 보여 주기도 한다.

힘든 점

- 감정적으로 대처하거나, 특히 비합리적으로 보이고 사실에 바탕을 두지 않고 시작도 끝도 분명하지 않은 얘기를 계속하는 자녀를 이해하고 들어 주는 것이 힘들다.
- 자녀를 비평하거나 긍정적인 기대 없이 있는 그대로 단정 짓기도 한다.
- 잘 떨어지지 않으려 하고 달라붙거나 보채는 자녀에 대해 독립적이지 못할 것이라고 지나치게 염려한다.
- 미묘한 상황적 정서를 이해하는 것이 어려울 수 있다.
- 분명한 대답과 해결책이 없는 상황을 붙잡고 있는 것이 불편하다.
- 냉정하고 엄격해 보이기도 하다.

조언

- 자녀가 한 일에 대해서는 먼저 인정과 격려를 한 후에 제안과 비평 간의 조화를 이루도록 해야 한다.

- 가장 독립적인 아이조차도 의존적인 태도를 보일 수 있음을 인정해야 한다. 자녀가 독립하기 이전에는 부모의 사랑 속에 있을 때 안정감을 느낀다.
- 문제를 해결하고자 할 때, 감정 또한 논리나 사실만큼 신뢰로운 것임을 기억하라.
- 상처받은 감정의 회복을 재촉하지 않아야 한다. 너무 빨리 문제를 해결하려는 태도는 자연스러운 치유과정과 최상의 해결책 모두를 놓칠 수 있기 때문이다.
- 자신의 기술과 재능을 자원봉사 단체나 업무 현장에서 활용하라. 자신의 재능에 대해서 객관적인 평가로 인한 인정을 받는 것이 필요하다.
- 부모의 능력에 따라 사랑받는 것이 아니라 부모 자체로 사랑받는다는 것을 인지하라.

감정형(F) 부모

강점

- 자녀가 자신이 사랑받고 있으며 보호받는다는 느낌을 갖도록 자녀에게 신체적, 정서적 친밀감을 제공한다.
- 자녀가 어떻게 느끼고 있는가에 민감하며 격려하고자 한다.
- 자녀의 욕구에 반응하여 무엇인가를 해 주려 한다. 협력, 조정, 상호교류를 기대하여 가족의 조화를 증진시킨다.
- 자기희생이 따르더라도 자녀를 즐겁고 행복하게 한다.
- 자녀가 부모에게 감사히 여기고 인정하며 수용할 때 기뻐한다.
- 자녀양육을 어떤 관계보다 특별한 관계로 경험하는 기회(상당한 친밀감)로 여긴다.
- 다른 아이들과 사이좋게 지내도록 고무시킨다.
- 자녀와 함께 나누고 신뢰하는 것, 종종 마음과 마음으로 이야기하고자 한다.
- 자녀의 좋은 면들을 찾고자 하며 그러한 면을 수용하고 인정하고자 한다.
- 인생의 힘든 고비나 잘못된 행동의 결과로부터 자녀를 보호하고자 한다.
- 마치 태어나면서부터 어머니(또는 아버지)로 태어난 것처럼 어린 자녀의 욕구를 적절히 잘 살핀다.

힘든 점

- 자녀의 문제와 자신의 정서를 분리하는 것이 어렵다.
- 직면하는 것(부조화나 마찰, 갈등)을 야기할 것 같은 부분에서 직접적이거나 단호한 표현이 힘들다.
- 가족 모두가 동시에 무엇인가를 요구할 때, 복잡한 요구와 끊임없는 기대를 처리하는 것이 힘들다.
- 자녀를 너무 가깝게 붙들어 두려고 하는 것이 자녀를 질식시키는 것임을 알면서도 자녀들을 놓아주고 지켜보는 것이 어렵다.
- 자녀에게 100%의 관심을 기울이지 못했다고 느낄 때 죄책감을 갖기도 한다.
- 거절 또는 갈등 유발 상황이 힘들다.

조언

- 언제나 가족의 화목이나 친밀감의 기대치를 80% 정도로 설정하라.
- 말다툼이나 갈등도 성장의 한 부분임을 잊지 말아야 한다.
- 사고형 자녀는 안아 주고 스킨십을 하고 감정을 공유하는 대신 책임감, 존중감, 끊임없는 질문과 정직한 피드백을 통해 사랑을 표현하는 것을 좋아한다.
- 자신의 욕구에 대해서도 관심을 갖고 자아성장을 위해 노력하는 것을 자녀들도 좋아한다. 가족을 위한 지나친 희생은 자녀에게도 부담스러울 수 있다.
- 정서적으로 너무 힘들어 혼란스러울 때는 사고형의 조언을 참고하라.

판단형(J) 부모

강점

- 자녀가 학교 준비물 등의 여러 가지를 잊지 않도록 일상생활을 조직하고 계획하는 것을 잘한다.

- 가족 규칙(기상시간, 식사시간, 씻는 시간, 자는 시간 등)을 철저히 지키도록 한다.
- 자녀와 함께 그들의 장래를 안내하고 만들어 가는 것을 즐긴다.
- 자녀 양육에 책임감을 많이 느끼며 열심히 일하고 올바른 일을 하는 데 초점을 두며 자녀를 성실하고 강하게 키우는 것에 힘쓴다.
- 자녀에게 가르치고 행함으로써 조직하고 계획하고 실행하는 등의 방법을 솔선수범한다.
- 자녀로 하여금 시간을 지혜롭게 활용하고 소중하게 생각하도록 한다.

힘든 점

- 끝이 보이지 않는 양육의 지속적인 과정을 힘들어할 수 있다.
- 돌발적이고 사전 계획이 갑작스럽게 변경되는 것에 대한 대처가 어렵다.
- '해야 되는 일'이나 '올바른 방법'에 대한 강박이 있다.
- 일이 마무리되지 않은 상태에서 휴식하거나 노는 것을 불편해한다.
- 자녀가 스스로 통제하도록 기다려 주어야 하는 것을 어려워한다.
- 자녀의 말을 끝까지 듣기 전에 미리 판단하는 경향이 있다.
- 자녀의 소란스러움, 난잡함, 소동, 어수선함, 산만함 속에서 생활하는 것을 힘들어한다.
- 인식형 자녀의 융통성을 허용하는 것이 어렵다.

조언

- 자신의 방식대로 유지할 수 있는 공간(서재, 부엌, 작업실 등)을 활용하라.
- 자녀가 하는 것을 통제하지 못하는 것에 대해서 좌절감을 느낄 경우 자신의 통제하에 있는 일을 찾아서 하는 것이 좋다.
- 해야 하는 일의 목록을 작성하고 일의 우선순위를 정하는 것에서 즐거움을 찾도록 하라. 양육은 계획한 대로 완결되는 일이 드물기 때문에 일정 외의 시간을 따로 설정하여 즐겨야 한다.
- 정리, 정돈에 대한 자신과 가족 간의 갈등은 구획을 정하는 것으로 합의점을 찾아라.

- 가족 간에 주말전략을 따로 세움으로써 서로의 욕구를 절충하는 것이 좋다. 학령기 이후 자녀의 경우, 주중에는 부모 계획에 따르나 주말은 예외를 두는 방식으로 하라.

인식형(P) 부모

강점

- 자녀를 강요하거나 자신이 정한 틀에 넣으려 하지 않고 수용적이고 관대하다.
- 자연스럽게 자녀와 함께 시간을 보내고 즐긴다.
- 자녀의 방해에도 잘 응한다.
- 자녀의 이야기를 들을 때 개방적인 태도를 보인다.
- 자녀가 다양한 경험과 사람들을 접하도록 돕는다.
- 자녀로 하여금 스스로 많은 것을 선택하도록 하며 기꺼이 자녀의 선택에 따른다.
- 자녀가 재미있어한다면 자유분방함에 대해서도 너그럽다.
- 계획이 바뀌거나 자녀가 버릇없이 굴어도 느긋하고 태연하다.

힘든 점

- 어떤 일을 조직하고, 정돈하고 규칙적으로 해야 하는 일상적인 일들을 힘들어한다.
- 자녀로 하여금 과제를 하게 하고 주어진 시간을 지키도록 하는 것이 어렵다(등교 시간, 과제 제출 기간 등).
- 임박한 순간에 일을 시작하거나 일을 너무 오랫동안 미루어 두는 경우가 잦다.
- 매일의 일상적인 생활과 반복되는 일을 하는 것을 힘들어한다.
- 자녀에게 한계를 그어 주거나 일관성 있게 끝까지 지속하는 것이 어렵다.
- 일을 마무리하는 것을 어려워한다.
- 안정감이 필요할지도 모르는 판단형 자녀를 위해 구조화된 환경을 제공하는 것이 힘들다.

조언

- 주말 아침은 아무 일정 없이 느긋하게 지내는 것도 좋다(주중에는 어쩔 수 없이 일정에 따라야 하므로).
- 하루 일과를 해야 하는 일보다 급한 일을 우선적(우선순위 정하기, 목록표 활용)으로 처리하는 것이 필요하다.
- 판단형과 계획을 세울 때는 자신이 실행 가능한 것을 분명히 말해서 실행 가능 범위를 넓히는 것이 좋다. 약속시간을 6시라고 정하는 대신 6시에서 7시 사이로 정하여 여지를 두는 것이 좋다.
- 자녀의 활동에서 양육자 자신이 관여할 수 있는 범위를 제한하여 일관되게 참여할 수 있게 하라.
- 하고 싶은 게 많은 자녀에게 '꼭' 하고 싶은 것을 선택하게 하여 끝까지 마무리하도록 돕는 것이 좋다.

다음은 배우자와 함께 자녀에 대해 나누고 싶은 이야기를 나누며 적어 보자.

자신(또는 배우자)의 유형은? ______________________

자녀의 유형은? ______________________

자녀와 가장 많이 부딪히는 지표는? ______________________

자신(또는 배우자)이 자녀를 이해해야 할 부분은?

- ______________________
- ______________________
- ______________________
- ______________________
- ______________________

자신(또는 배우자)이 자녀에게 바라는 부분은?

- ______________________
- ______________________
- ______________________
- ______________________
- ______________________

자신(또는 배우자)이 자녀에게 바라는 것을 자녀의 기질 및 성격 유형을 고려해서 적어 본다면?

-
-
-
-
-

배우자에게 주는 도움말(서로 바꿔서)

-
-
-
-
-

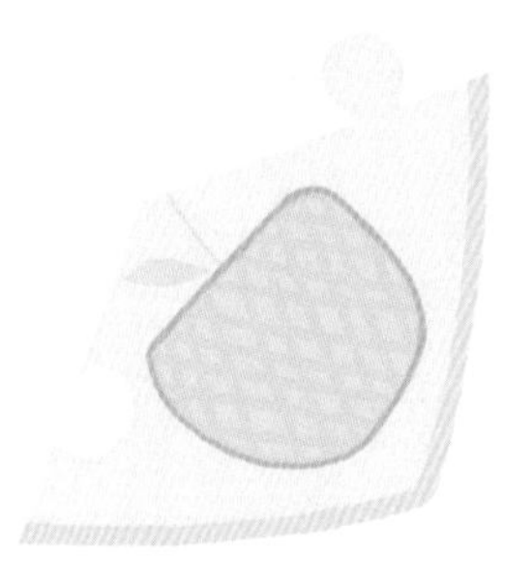

가정에서의 부모-자녀 특별놀이 세션에서 중요한 것은 상호작용이며, 여기에서 더 중요한 것은 '반응'이다. 전문가가 넘쳐나는 세상에 그에 따른 브랜드 또한 포화상태다. PCIT(부모-자녀 상호작용), RT(반응적 상호작용), 플로어 타임 프로그램 등 수많은 종류의 상담 및 코칭 프로그램으로 양육 고충을 겪고 있는 양육자들은 무엇을 선택해야 하는지 혼란만 더 가중되고 있다. 이러한 프로그램들의 근간은 대부분 아동중심 놀이치료에서 파생되었다 하여도 과언이 아니다. 놀이치료 기법 중 가장 중요한 '반응하기'를 통하여 '상호작용하기'가 그 근간이며, 놀이치료실 내에서 아동과 놀이치료사가 하는 '반응적 상호작용'을 누구와 함께하는지, 이를 코칭 프로그램으로 개발하고 적용하는지, 공간과 대상에 따라 그 이름을 붙여 브랜드화한 것이다. 그렇기 때문에 감히, 필자가 전하고자 하는 것은 전문기관에서 진행하는 반응하기 또는 상호작용기법, 대화법 등을 부모 및 양육자가 배우고 익혀 적용할 수 있기를 바란다. 이를 자신의 일상생활에서 충분히 활용하고 녹여내어 자신의 것으로 만들어 가는 것이 바로 '돈값'을 하는 것이다.

전문기관 및 전문가들은 그 기법을 많은 대상들에게 적용하고 있다. 물론, 전문가들 모두를 의심하는 것은 아니다. 아동은 각기 다른 특성과 발달과정, 성장 환경, 배경 등을 갖고 있다. 똑같은 방식으로 기관의 영리를 창출하기 위해 어쩌면 도움이 필요한 이들에게 더 많은 불안감을 안겨 주기도 하는 곳을 드물지 않게 접하곤 한다. 필자에게 찾아오는 치료사들을 통해 전해 듣는 몇몇의 의료기관, 치료센터, 발달센터 등에서는 공장의 컨베이어 벨트를 돌리듯 숨 돌릴 틈 없이 아동들을 만나고 있음을 고백하곤 한다. 상담 사례 관리가 매우 중요하나 이를 관리하기 힘들고, 기록으로써 남겨야 하는 서류 정리에 더 많은 시간을 할애하는 곳이 많다는 후문을 접할 때면 전문가로서 참담하기 이를 데 없다. 그렇기 때문에 필자는 너무 장기적인 놀이치료, 치료놀이 등을 권하지 않고 이를 부모 및 양육자가 배워서 매일 일상을 함께하며 소중한 아이들에게 적용하면 된다는 것을 역설하곤 한다. 물론, 장기적으로 반드시 치료가 병행되어야 하는 병리적 진단을 받은 아동의 치료활동까지 비판하는 것은 아니다.

자녀를 낳고 키우며 부모가 되어 가는 과정이 항상 힘들고 고통스러운 것은 아니다. 우리가 인생을 살아가며 매번 힘들고 고통스러운 것이 아니듯, 자녀를 양육하는 것도 마찬가지다. 가끔씩 힘들지만 행복으로 충만한 경험들이 훨씬 더 많다는 것을 먼저 부모가 되어 본 사람으로서, 많은 부모들을 만나 본 사람으로서 감히 자신 있게 말하는 것이다. 이 세상에서 자신의 자녀를 부모 및 양육자보다 더 많은 정보에 접근할 수 있는 전문가는 없다. 더 많이 절실하게 사랑하는 사람도 없다. 더 행복하게 관계를 맺는 방법, 조금 더 적응적으로 살아갈 수 있게 하는 방법, 표현하는 방법 등을 조금씩만 더 익혀 적용한다면 여러 매체에서 고통스러움을 강조하는 육아처럼 육아가 그렇게 고통스러운 일은 결코 아님을 전하고 싶다. 모든 생명체가 그러하듯 성장하고 발달하는 과정에서는 어려움이 따르기 마련이지만 이를 어떻게 인식하고 접근하느냐에 따라 방향과 과정, 결과는 전혀 달라질 수 있다. 전문기관과 전문가에게 너무 의존하지 않고, 맹종하지 않기를 바란다. 조금만 발달에 이상이 있다고 여겨지면 바우처 기관을 찾는 부모들이 있다. 객관적이고 이성적인 시각과 견해를 갖는 전문가를 만나는 게 더 중요하다. 바우처 시스템의 순기능도 있지만, 역기능 또한 존재하므로 꼭 필요한 대상이 혜택을 받도록 하고 일반적인 아이들은 부모가 주(主)가 되어서 필요할 때 전문가를 만나 점검하고 다시 적용하는 것이 더 효과적이고 안정적일 수 있다. 아이들이 어떤 대상, 어떤 환경, 어떤 사회에서 성장해야 하는가를 우리가 함께 고민하고 실행해야 한다. 아이들의 건강한 성장·발달은 부모와 국가적 전문 시스템 그리고 아이와 관련된 모든 성인들, 사회 및 국가가 함께 유기적으로 연결되었을 때 더 안정적으로 도울 수 있다. 여기에서의 주체는 부모가 되어야 하고, 그 중심에는 사람, 아이가 있어야 한다.

가정 내 특별놀이

지금까지 부모로서 자신과 배우자에 대해 살펴보았다. 이렇게 살펴보는 것은 자녀에게는 부모가 이 세상 그 무엇보다 중요한 성장환경의 핵심 변인이기 때문이다.

이제 본격적으로 이 책의 중심 내용으로 들어가고자 한다. 본 놀이는 총 10회기로 구성되어 있으며, 꾸준히 진행해야 효과가 있다.

가정 내에서 자녀와 특정 시간에 놀이를 하는 것은 자녀가 안전한 분위기에서 자신을 마음껏 표현할 수 있도록 장(場)을 마련하는 것이다. 이 구조 안에서 자녀는 정해진 시간 동안 안전한 분위기에서 자신을 편안하게 표현하게 된다. 이렇게 편안하게 자신을 표현하다 보면 아동 자신의 문제를 자연스럽게 스스로 인식하고 놀이 및 활동을 통해 발생하는 어려움에 여러 해결방법을 시도해 보면서 스스로 해결해 가는 경험을 하게 된다. 부모는 이 과정 안에서 자녀와 함께 시간을 보내면서 자녀의 문제인식과 해결을 스스로 할 수 있도록 지지하고 격려한다. 여기에서의 '문제'란 거대하고 특별한 것이 아닌, 성장과정 중 겪을 수 있는 크고 작은 어려움들을 말한다. 이러한 일반적인 어려움들을 해결해 가는 방법을 아동 스스로 터득함으로써 아동은 자기 확신감과 자기조절력을 조금씩 기르게 되어 내면이 단단한 존재로 성장하게 된다. 또한 어린 아동의 자신감과 자존감, 조절력 향상에 도움이 되며, 자신을 지지해 주는 **든든한 한 사람**이 있다는 것만으로도 심리적 안전감과 안정감을 구축하게 된다.

가정에서의 특별놀이 시간에 부모가 참여하게 되면 다음과 같은 **이점**이 있다.

- 부모는 자녀와 일상생활을 가장 가까이에서 하므로 일상적 행동과 특별한 놀이 시간에 보이는 행동의 차이를 알 수 있다.
- 자녀와의 놀이 방법을 자연스럽게 알아 갈 수 있다.
- 자녀와의 놀이를 통하여 자녀를 더 잘 이해하게 되고 자녀의 건강하고 적응적인 발달을 지원할 수 있다.

- 문제를 사전에 예방할 수 있다.
- 부모-자녀의 놀이 활동을 통해 관계성(가족 관계 및 타인과의 관계) 향상에 도움이 된다.
- 자녀와 함께 놀이하며 보내는 시간 동안 부모와 자녀 모두 즐거운 시간을 통하여 새로운 경험을 하게 된다.
- 즐거운 경험이 누적되면 어려움에 직면하였을 때 회복탄력성이 발현된다.
- 부모는 자녀의 생애 전반에 걸쳐 '가장 중요한 대상'이므로 부모의 온정적이고 수용적인 태도를 통하여 자녀는 심리적 안전 기지를 획득하게 된다.

가정 내에서의 특별놀이 시간(또는 토트백 놀이 시간)을 구조화할 때 준비물이 필요하다.(이 특별한 시간을 실시하는 각 가정에서 자신들만의 브랜드처럼 명칭을 따로 짓는다면 더 특별한 시간이 될 수도 있다.)

일상생활에서 사용하는 놀잇감이 아닌 특별놀이 시간에만 활용할 수 있는 '특별 놀잇감이 든 상자(또는 가방)'와 일상에서 활용하는 놀잇감 또는 학습자료 등의 자극이 없는 '독립된 공간', '일정한 시간(매주 정해진 요일과 시간)' 그리고 가장 중요한 '부모'가 자녀에게는 '특별'함에 해당한다.

특별한 놀이를 위한 놀잇감 상자에 포함되는 놀잇감은 특별한 의미가 투사되는 놀잇감이다. 자녀가 자신의 생각, 감정 그리고 경험들을 놀이를 통하여 표현할 수 있도록 놀잇감들은 은유적이거나 실제의 것들을 준비한다. 여기에 기계적인 놀잇감은 포함하지 않는다. 부모는 자녀의 감정을 확인하고 표현하며 자녀의 자아 존중감 및 책임감, 조절력 발달을 돕는다. 다양한 놀잇감들은 자녀의 여러 가지 감정과 염려, 어려움들을 투사하여 표현할 수 있도록 선택된 것이다.

다음의 놀잇감들은 자녀의 생각과 감정, 욕구와 소망, 어려움 등을 표현하기 위한 기본적인 놀잇감 목록이다.

- 양육과 돌봄의 놀잇감 : 아기 인형, 장난감 우유병, 노리개 젖꼭지(쪽쪽이), 미니 담요, 빗 또는 헤어브러시, 침대 또는 아기 침대, 병원놀이 세트(청진기, 주사기, 의료용 마스크, 밴드

또는 반창고, 혈압 재는 도구, 눈과 귀를 체크하는 도구, 간단한 정형외과 도구, 처방전과 약병, 처방봉투 포함), 의료용 가운, 미니 주방도구(가스레인지, 도마, 칼, 냉장고 등), 다양한 음식모형, 식재료 모형, 접시, 그릇, 컵, 수저, 포크 등

- 자녀의 역량 향상을 위한 놀잇감 : 블록, 조립식 놀잇감, 고리 던지기, 미니 농구, 미니 축구 등
- 공격과 이완 놀잇감 : 공격적인 동물 피규어들(공룡 미니어처 세트, 악어, 호랑이, 사자, 뱀, 박쥐 등), 가축 모형들(말, 소, 돼지 등), 펀치 백(유아용 사이즈, 평상시에도 활용 가능), 군인 피규어(다양한 총이나 무기를 들고 있는 다양한 군인 모형, 10~15개), 탱크, 장갑차, 경찰, 경찰차, 플레이 도우(클레이, 찰흙, 천사점토 등), 고무로 된 칼, 다트, 끈(운동화 끈이나 안전하게 처리된 끈) 등
- 실제 일상생활을 나타내는 놀잇감 : 가족 피규어, 가족 피규어가 들어갈 수 있는 집, 손 인형 또는 손가락 인형, 전화기 2개, 거울, 경찰, 소방관, 의사, 간호사, 동물가족, 마트놀이 세트(모형 돈과 계산대 포함), 청소도구 모형들(일상생활에서 쓰이는 것으로 먼지떨이, 빗자루, 청소기 등), 교통수단(미니 자동차, 트럭, 비행기, 헬리콥터, 선박, 스쿨버스, 구급차, 소방차, 경찰차 등)
- 상상 및 환상놀이를 위한 놀잇감 : 소방관 의상 및 모자, 경찰 의상과 모자, 배지, 선원 모자, 왕관, 요술봉, 망토, 장신구, 넥타이(나비넥타이), 운동선수 유니폼, 정장신발, 지갑, 가면마스크(눈 주위와 코 윗부분만 가림), 해적 애꾸눈 가리개, 놀이용 선글라스 등
- 창의적인 표현을 돕는 놀잇감 : 다양한 클레이, 다양한 블록, 크레용 또는 색연필(12색), 색종이, 스케치북, 사인펜, 풀, 종이가위, 셀로판테이프, 그 외 포함하고 싶은 놀잇감 2~3가지

※ 위에 제시된 놀잇감의 목록은 참조용으로 각 놀잇감의 목록에서 필요한 몇 가지들로 구성하여 놀이 진행 가능함.

특별한 놀이에서 특별함의 의미는 함께하는 '구조화'로 특별한 사람, 특별한 공간, 특별한 놀잇감 그리고 특별한 시간이다.

이 놀이는 36개월 이상의 유아부터 만 12세까지의 아동이 있는 가족에게 추천된다.(예외적으로 표현언어능력이 빠르거나, 표현언어능력이 다소 지연되었어도 수용언어능력이 충분히 이루어져 비언어적인 상호작용과 소통이 원활한 자녀인 경우는 30개월 미만이어도 가능하다. 가정 내 특별놀이를 통한 반응적 상호작용이 언어 발달을 촉진할 수 있다.)

일주일에 1회 또는 2회의 놀이를 진행한다. 1회당 시간은 30분으로 정하고, 횟수는 자녀의 연령과 발달수준 및 부모의 재량에 따라 정할 수 있다.(만일, 2회로 정할 경우엔 일정 간격을 두는 것이 좋다. 월/목, 화/금, 수/일, 목/토 등)

자녀와의 특별놀이를 위한 기본을 갖췄다면, 다시 한번 점검할 것들을 확인해 보자.

- 부모가 자녀와의 시간에 온전히 몰입할 준비가 되었는가?(예/아니오)

- 처리해야 할 업무나 주방의 화기에 뭔가를 올려놓은 것은 없는가?(예/아니오)

- 마음이 조급하여 '후딱 하고 끝내야지' 하는 생각이 있는 것은 아닌가?(예/아니오)

- 통화해야 할 일이 있는 것은 아닌가?(예/아니오)

- 다른 자녀가 있다면 안전하게 분리될 수 있는가?(예/아니오) 등등

이러한 것에서 모두 해방되었다면, 특별놀이 시간을 시작하기 전 부모와 자녀의 컨디션을 살피는 것도 중요하다. 특히, 자녀의 컨디션이 안정적이지 않은 경우에는 시간을 뒤로 미루어도 괜찮다. 특별놀이의 궁극적인 목표는 부모-자녀의 안정적인 상호작용과 긍정적인 경험의 기억을 축적하기 위한 것이기 때문이다.

회기 : 실제 적용하기

첫 번째 회기

특별놀이 안내하기

특별놀이를 위한 기본적인 요건들이 충분히 갖춰졌다면, 특별놀이에 참여하는 부모는 다음과 같은 내용을 숙지하여야 한다. 먼저, 자녀와 함께 특별놀이 시간에 들어갔을 때 본 놀이에 대한 안내를 한다. **"ㅇㅇ아~ 이 시간은 너와 엄마(또는 아빠)가 함께 새로운 방식으로 놀이하는 특별한 시간이야. 매주 ●요일 ☆☆시부터 30분 동안 여기에 있는 놀잇감으로 이곳에서 놀이를 할 거야. 이 시간에는 여기 있는 놀잇감들로 네가 원하는 방법으로 놀이할 수 있어. 만일, 해서는 안 되는 일이 있으면 그때 알려 줄게"**라고 한다. 특별놀이를 시작할 때마다 이와 같은 말을 해 주는 것이 좋지만, 3회기쯤 되면 자녀도 이에 대한 내용을 이해하게 되므로 **"이제 특별놀이 시간을 갖자"**라는 간단한 말로도 시작 신호가 된다.

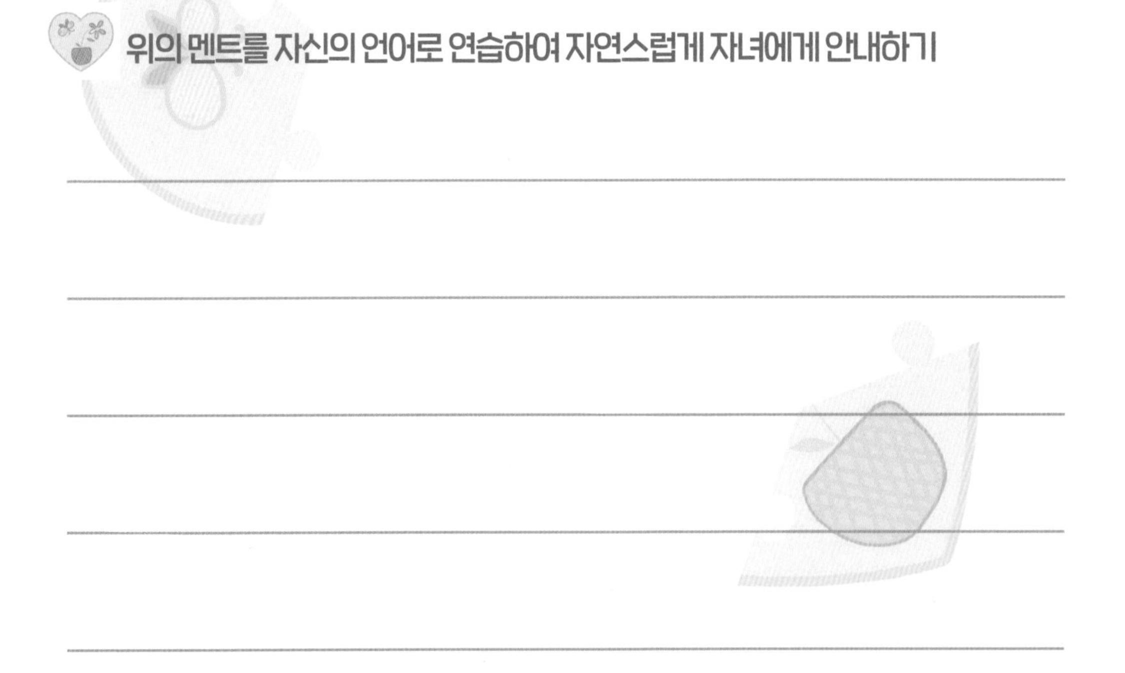

위의 멘트를 자신의 언어로 연습하여 자연스럽게 자녀에게 안내하기

실행하기

- 특별놀이 요일 정하기 : 요일(   )
- 특별놀이 시간 정하기 : 오전/오후/저녁 중 시간대 ○○시~○○시 30분
- 특별놀이 공간 정하기 : 예) 안방, 주방, 서재, 옷방 등(자녀의 놀잇감 또는 학습 등으로 인한 자극이 최소화될 수 있는 공간)

매주 동일한 요일, 동일한 시간대, 동일한 대상(엄마 또는 아빠), 동일한 놀잇감 세팅(유아 후기 또는 아동기 초기인 경우, 자녀가 원하는 놀잇감 및 활동)

※ 부모(또는 보호자)가 자신과 아이의 상호작용 패턴을 객관적으로 분석하기 위해 놀이 영상을 촬영(스마트폰으로 촬영 시엔 반드시 비행기 모드로 전환)하여 이후 각 회기별 Review에 활용 가능하며, 특별놀이 영상이 누적되면 외부저장장치에 잘 보관하여 자녀의 성장자료가 되기도 한다. 이때에는 아이에게 왜 촬영을 하는지 솔직하게 사실에 근거하여 설명하면 된다. (예 : **"엄마가 너와 더 잘 지내는 방법을 알기 위해서 촬영하는 거야."**)

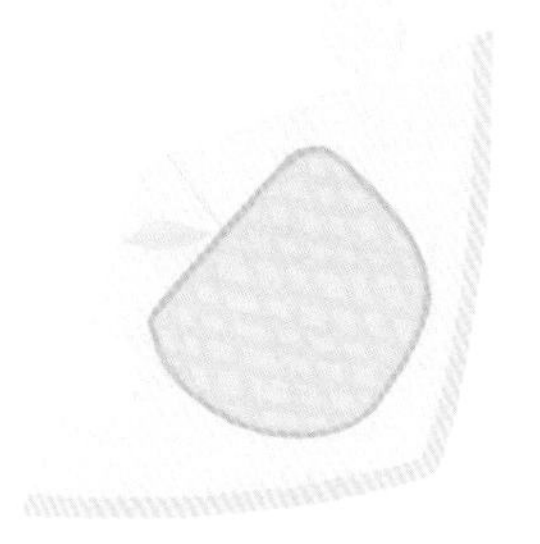

자녀가 어릴수록 특별놀이를 시작하기 전 화장실(또는 물 마시기)에 다녀오도록 한다. 이는 특별놀이 시간 중에 화장실(또는 물 마시기)에 감으로써 놀이 및 상호작용의 흐름에 방해가 되지 않기 위함이다. 만일, 놀이 시간 중간에 화장실(또는 물 마시기)에 가고자 한다면 놀이 시간 동안 한 번만 갈 수 있다고 알려 준다. 자녀가 화장실에 다녀오면, **"이제 다시 특별놀이 시간으로 돌아왔구나"**라고 말해 준다.

특별놀이 시간을 종료할 때는 세션이 끝나기 전에 세 차례에 걸쳐 안내한다. 끝나기 10분 전에 **"ㅇㅇ아~ 오늘 놀이 시간은 이제 10분 남았어"**, 5분 전에 **"ㅇㅇ아~ 이제 5분 남았네"**, 1분이 남았을 때는 **"이제 오늘 놀이 시간은 끝났다. 정리하자. 어떤 것부터 넣을까?"**

특별놀이 시간이 끝나면 자녀가 종료시간을 지키도록 돕는다. 가정에서 진행하는 놀이이므로 가능한 놀잇감 정리까지 마무리하도록 한다. **"어느 것부터 정리할까?"**, **"정리하기 어려운 놀잇감이 있다면 어떤 것이니?"**, **"엄마(또는 아빠)가 도와주었으면 하는 것이 있니?"** 만일, 정리하기를 거부하고 부모에게 모든 정리를 하라고 한다면, **"엄마(또는 아빠)가 정리해 주기를 바라는구나. 엄마(또는 아빠)가 도울 수 있는 것은 2가지 정도야"**라고 알려 준다. 놀잇감이 나와 있는 상황에 따라 달라질 수 있고, 대부분은 자녀가 끝까지 정리할 수 있도록 지지하고 격려한다. 놀잇감이 많이 나와 있는 상황이어서 정리하기가 부담스럽다면 다음 회기에서는 놀잇감 선택에 부담을 가질 수 있다. 놀잇감 정리까지가 한 회기이므로 정리하는 것도 자녀의 유능감과 책임감을 경험할 수 있도록 지지적인 태도를 보인다. **"이 놀잇감이 있어야 할 곳은 어디일까?"**, **"너는 이 놀잇감이 어디에 있어야 할지 알고 있구나"**, **"정리하기가 힘들 줄 알았는데 금세 제자리에 두었네"** 등으로 격려해 주면 끝까지 마무리할 수 있다. 모두 정리하고 특별놀이 공간을 떠날 때는 기분 좋은 연결감이 도움 된다. **"이제 특별놀이 마치고 정리까지 하였으니 우리 거실에 나가 시원한 주스를 마시자!"**처럼 자녀가 기분 좋게 자리를 떠날 수 있도록 한다. 조금 더 어린 유아의 경우는 **"더 놀고 싶구나. 오늘 시간은 끝났어. 업고 나갈까? 손잡고 나갈까?"**로 나갈 수 있도록(목표행동) 선택지를 주면, 둘 중 하나를 자연스럽게 선택하게 된다. 이때의 선택지는 어느 것을 선택하여도 자녀에게 기분 좋을 선택지여야 더 효과적이다. 그렇다고 **"나가서 유튜브 영상 보자"**라는 식의 잘못된 습관을 들이는 것은 옳지 않다.

자녀가 계속 더 놀려고 할 때, 나는 어떻게 해야 할까?

첫 번째 회기에서는 부모-자녀 모두 특별놀이가 어색할 수 있다. 이것은 매우 자연스러운 현상이다.

촬영된 특별놀이 동영상 Review 후 스스로 발견했거나 느낀 점을 자유롭게 적어 보자.

특별놀이를 진행한 후 새롭게 알아차린 자녀의 긍정적인 측면을 적어 보자.
(인지, 행동, 정서 등)

- 인지 : ____________________

____

____

____

- 행동 : ____________________

____

____

____

- 정서 : ____________________

____

____

____

부모 자신에게 취약한 감정 살펴보기
- 언제부터 그 감정으로 힘들었는지 그 시작된 시기를 적어 보자.

해야 할 일을 하는 것은 십자가를 지는 것이 아니다. 행동보다 말의 속도감이 중시되는 시대에 살아가며 혹시 나 자신도 혼자서 십자가를 지고 있다고 생각하는 것은 아닌지 돌아보자.

두 번째 회기

두 번째 회기가 시작되기 전 다음과 같은 내용을 살펴보자.

가정 내 특별놀이 시간에 지켜야 할 기본 원칙

1. 그 시간을 어떻게 보낼 것인가는 온전히 자녀에게 달려 있다. 자녀가 주도하고 부모는 제안이나 질문을 하지 않고 자녀를 따른다. 자녀가 함께 놀아 달라고 하면 적극적인 자세로 함께 놀이한다. 아동 주도 놀이이므로 부모를 놀이에 초대하는 것도 자녀에게 달려 있다.

2. 부모는 무엇보다 먼저 자녀에게 집중하고, 자녀 행동의 의도를 파악하여 이해하고, 자녀의 생각과 느낌, 감정을 이해한다.

3. 다음으로 부모는 적절한 표현으로 자녀에게 부모가 이해한 바를 말해 주는데, 가능하면 자녀가 경험하고 있는 **감정(또는 정서)**을 **말로 표현**해 준다. 아동의 행동과 감정을 따라가며 말로 표현해 준다. 스포츠 해설가가 중요한 포인트를 짚어 주듯이 자녀에게 의미 있는 정서와 행동을 언어로 표현해 준다. 그러기 위해서 부모는 온전히 자녀와 함께하는 그 시간, 그곳에 몰입해야 한다.

4. 놀잇감을 지칭할 때는 '엄마 인형', '자동차', '공룡', '경찰' 등과 같은 구체적인 이름을 사용하지 말고 **'그것', '저것'** 등으로 지칭한다. 이는 놀잇감의 활용 및 대상에 따른 역할을 정하는 것은 온전히 자녀에게 있기 때문이다. 예를 들어, 놀이 중에 자녀가 블록조각을 자동차라 칭하면 자동차가 되기도 하고, 공룡이라 칭하면 공룡이 되기도 한다. 자녀가 대상을 결정하고 이름을 붙여 주었을 때 비로소 **'그 무엇'**이 되는 것이다.

5. 부모는 몇몇 **'제한'**들을 분명하고도 단호하게 시행한다. 시간을 지키는 것, 놀잇감을 부수지 않는 것, 부모를 때리지 않는 것이 자녀에게 하는 제한이다. 이에 더해 부모의 마음을 불편하게 만드는 아동의 행동이 있다면 제한한다.

평소 자녀의 행동 중 부모가 수용하기 어려운(힘든) 행동은 무엇인지 적어 보자.

예를 들어, 엄마의 머리카락을 잡아당기는 행동이 싫다면 이러한 행동이 나타났을 때 제한을 하는 것이다.

- A(자녀의 욕구·감정 인정하기) : ______

- C(제한해야 할 내용 말로 표현하기) : ______

- T(대안 제시하기) : ______

촬영된 특별놀이 동영상 Review 후 스스로 발견했거나 느낀 점을 자유롭게 적어 보자.

가정 내 특별놀이 방법

목표

1. 자녀는 부모와 자신의 변화된 감정과 태도를 느낀다.
2. 자녀는 놀이를 통해 자신의 생각·욕구·느낌을 자연스럽게 표현함으로써 부모는 이를 알아차릴 수 있다.
3. 자녀가 스스로를 믿고 존중하며 가치 있게 여김으로써 자신감과 자존감이 향상된다.

꼭 기억하자!

놀이 시간에 배운 기술을 적용할 때 단순히 기계적으로만 적용한다면 소용없다. 자녀에게 진심으로 공감하려 하고 자녀를 이해하려 해야 한다.

특별놀이 시간과 공간

- 우선 일정한 시간을 정한다.
- 특별놀이 시간에는 전화를 받거나 다른 자녀에게 신경을 쓰지 않아야 한다.
- 자녀에게 **"엄마가 지금까지 했던 것과 다른 새로운 방식으로 너와 놀이하는 법을 배우고 싶어서 이런 시간을 갖는 거야"**라고 설명해 주면 좋다.
- 자녀의 주의가 산만해지지 않을 만하고 물건을 깨뜨리거나 어지를까 봐 걱정하지 않아도 되는 곳(예 : 부모 서재, 드레스 룸, 안방 등)으로 정한다.

구조화 기술

자녀에게 가정 내 특별놀이의 구조에 대해 전반적으로 이해시키는 기술이다. 가정 내 특별놀이는 특별한 시간이라는 것, 그 시간에 지켜야 할 규칙이 있다는 것을 안내함으로써 특별놀이 시간의 분위기를 알려 주는 기술이다.

1. 소개하는 말

"ㅇㅇ아~ 이 시간은 아주 특별한 시간이고 이 시간 동안 여기는 특별한 곳이 되는 거야. 이 시간에는 네가 놀이하고 싶은 방식으로 대부분 할 수 있어. 네가 해서는 안 되는 일이 있다면 그때 알려 줄 거야."

특별놀이 시간을 가질 때마다 이런 말을 해 주는 것도 좋다. 몇 번이 지나면 아이가 서둘러 놀이 시간을 가지려고 하고 엄마가 이 말을 하는 것을 듣지 않으려 할 수도 있는데 그럴 때는 자녀와 함께 이 말을 해 보는 것이 좋다. 얼마 후 자녀가 이 말의 의미를 아는 것 같으면 **"이제 특별놀이 시간을 갖자"**라고 간단히 말해도 된다.

2. 화장실 가는 시간

특별놀이 시간을 갖기 전에 자녀에게 화장실에 다녀오도록 한다. 화장실 가는 것 때문에 놀이 시간을 방해받지 않기 위해서다. 놀이 시간 도중에 화장실에 가겠다고 한다면 놀이 시간 동안 한 번만 화장실에 갈 수 있다고 알려 준다. 자녀가 화장실에 다녀오면 **"이제 다시 특별놀이 시간으로 돌아왔구나"**라고 말해 준다.

3. 놀이 시간 끝내기

놀이 시간이 끝나기 전에 세 번 알려 준다. 끝나기 **10분 전에 "ㅇㅇ아, 오늘 놀이 시간은 10분 남았다." 5분 전에** 한 번 더 **"ㅇㅇ아, 이제 5분 남았구나."** 놀이를 마치기 **1분 전**에는 놀이가 끝났음을 알리고 놀잇감을 정리하도록 한다. 이때는 밝은 목소리로 명확하게 **"ㅇㅇ아, 오늘 놀이 시간은 끝났다. 이제 정리해야 해."** 이 말은 이제 자녀가 더 놀고 싶더라도 하고 있는 놀이를 끝내야 한다는 규칙을 전하는 것이다.

▶ 만일 자녀가 더 놀려고 한다면…

부모는 먼저 자녀의 기분을 읽어 주고 나서 놀이 시간이 끝났음을 다시 한번 반복해 말한다. 명확한 목소리와 함께 일어서는 것(행동적 신호)으로 알려 줄 수도 있다. 그동안 수용적이었던 태도에서 조용하지만 단호한 태도로 바꿔 놀이 시간을 지연하지 않도록 하는 것이 중요하다. 이렇게 함으로써 특별놀이 시간의 경계와 부모의 권위를 알고 아동이 안정감을 느끼도록 하는 것이다.

▶ 놀잇감 정리에 대하여…

일반적으로 놀이치료실에서는 아동에게 놀잇감을 정리하도록 하지 않는다. 그 이유는 놀이치료 시간 이후 억지로 정리하도록 시키면 놀이의 치료적 효과와 치료사의 권위 모두를 낮출 수 있기 때문이다. 놀이 시간을 끝내고 놀이치료실을 나가도록 하는 것이 치료사의 권위를 세우기에 좀 더 쉬운 방법이다.

두 번째 이유는 결국에는 자기가 정리를 해야 한다고 생각하면서 놀면 놀이 시간에 자기가 놀고 싶은 대로 충분히 놀 수 없기 때문이다. 아이가 스스로 끝나기 5분 전에 정리를 하려고 한다면 괜찮지만 치료사가 놀이 시간이 끝났다고 말했다면 그 말이 곧 놀이 시간에 관한 모든 것이 끝났음을 알리는 것이다.

그렇지만, 이 책에서 다루는 것은 가정 내 부모와의 특별놀이로, 놀이가 끝나는 즉시 일상으로 연결되기 때문에 자녀가 자신의 놀잇감이나 방을 정리하는 것을 가르쳐야 한다. 그럼에도 여기에서의 핵심은 놀잇감 정리 자체보다 부모가 한 말을 자녀가 따르는 것이다. 놀이 시간을 통하여 부모가 하는 말을 따르고 부모의 권위를 세운다는 더 중요한 목표를 이루도록 하는 것이다. 이러한 목표를 점진적으로 이루어 일상생활에서 자녀가 부모 지시에 따라 자신의 방을 정리하게 되고 양치질을 하고 숙제를 하게 된다. 이렇게 습관이 되면 자녀는 자신의 일을 스스로 알아서 계획하고 실행할 수 있게 된다. 이것을 어린 시기부터 부모와의 일상적인 상호작용 및 놀이를 통하여 자연스럽게 습득하게 되는 것이다.

공감적 경청 기술

공감적 경청 기술은 부모가 자녀에게 완전히 집중하고 있으며 자녀의 기분이나 욕구를 이해하고 수용하고 있음을 자녀에게 보여 주는 기술이다. 이 기술은 자녀의 세계를 알아 가기 위한 것이며 자녀의 입장에서 생각하고 느껴 보려고 하는 것이다.

순수하게 자녀의 입장에서 생각해 보려고 하는 것은 중요하다. 자녀가 무엇을 어떻게 경험하여 놀이로 표현하는지를 알게 된다. 이 기술을 이용하여 자녀의 놀이를 이해하면 자녀를 더 잘 이해하게 되어 더 효과적으로 대처하게 된다.

1. 자녀와 놀이를 하는 동안 부모는 자신의 생각과 느낌을 비우고 자녀의 표현에 집중하도록 노력한다. 자녀의 기분과 표현이 무엇인지를 알려고 노력한다.

2. 자녀가 하는 활동과 특히 자녀가 표현하는 감정을 부모는 소리 내어 말해 준다. 예를 들어, 자녀가 클레이로 토끼를 만들겠다고 하면, **"토끼를 만들려고 하는구나."** 자녀가 웃으며 토끼의 귀를 길게 만들고 있다고 하면, **"토끼의 귀를 길게 만들면서 재미있어하네."** 아빠 인형이 아이 인형을 야단치고 있다고 표현한다면 **"아빠가 아이에게 화가 났구나."** 자녀의 표정을 세심히 살피고 표정에서 나타나는 감정을 말해 주거나 놀이에서 표현되는 감정을 말해 준다.
   이 기술은 스포츠 경기를 해설가가 자세히 보고해 주는 것과 비슷하다. 자녀가 하는 것과 말하는 것, 그리고 자녀의 감정과 느낌을 소리 내어 말해 준다.

3. 자녀에게 질문을 하거나 무엇을 하라고는 말하지 않는다. 그것은 자녀가 하고 있는 놀이를 방해하기 때문이다. 부모가 질문을 하거나 지시하는 것은 자녀의 놀이 방향을 바꾸게 하고 자녀를 온전히 이해하려는 태도가 아니다. 처음에는 자녀의 놀이를 단순히 관찰하면서 말해 주는 것이 어려울 수도 있다. 연습이 필요하고 연습을 꾸준히 하다 보면 이 기술을 잘 사용할 수 있게 된다.

4. 자녀가 가족 피규어를 보고 **"이건 뭐 하는 거예요?"**와 같은 질문을 한다면,

1) 먼저 아동의 질문을 반복한다. **"그걸로 어떻게 놀이하는 건지 궁금하구나."**

2) 자녀가 계속 물으면, **"이 특별놀이 시간에는 네가 원하는 방식으로 놀 수 있단다."**

3) 그래도 계속 물으면 간단히 답하고 다시 자녀 스스로 정할 수 있다고 말한다. **"사람들은 그걸 가족 인형이라고 해. 그렇지만 너의 놀이에서는 네가 놀고 싶은 방식으로 사용할 수 있어."**

5. 자녀가 **"왜 자꾸 똑같은 말을 해? 하지 마!"**라고 하면

1) 자녀의 생각이나 기분을 다양한 표현으로 말해 주고 있는지를 살펴본다. 기계적인 표현으로 **"~하는구나"**라고 하는 것은 아닌지를 살펴보고, 엄마(또는 아빠)의 자연스러운 표현으로 만들어 가길 바란다. **"~하고 있네"**, **"~~네"** 등과 같은 표현을 적절히 혼용 표현하여 자녀로 하여금 지루하지 않도록 한다.

2) 엄마(또는 아빠)가 너를 이해하고 있는지를 알고 싶어서 그런다는 것을 설명한다. **"엄마(또는 아빠)가 자꾸 똑같은 말을 하는 것이 듣기 거북했나 보다. 엄마(또는 아빠)는 너를 잘 이해하고 싶어서 그래"**라는 식으로 전한다.

3) 그래도 자녀가 반복하지 말라고 하면 다시 자녀의 기분을 읽어 말해 주도록 한다.

4) 그래도 짜증을 내면 읽어서 말해 주는 것을 그치고 말없이 관심을 보이고 있음을 표현한다. **"그렇구나. 그러면 엄마는 너의 놀이를 방해하지 않도록 조용히 있을게"**라고 말한 후 가벼운 추임새 등으로 관심을 표현한다. **"아하~"**, **"으음…"**.

여기에서 잠깐!

놀이치료기법을 활용한 특별놀이에서는 자녀의 놀이 흐름을 방해하지 않고 자녀의 표현 속으로 자연스럽게 스며드는 것이 중요하다. 반응은 적절한 순간에 이루어져야 하며, 특별한 동요 없이 표현을 위한 표현이 아닌, 자녀의 의사소통 안으로 들어감으로써 자녀와의 접점을 이루는 것이다. 특별놀이 안에서 자녀의 상황과 표현에 적절히 반응함으로써 자녀가 느끼기에 부모가 자신과 **'지금-함께'** 있다는 것을 알게 되며, 상호 수용이 가능해진다.

자녀가 초점을 두고 있는 것에 부모의 반응은 간단명료해야 하고, 정서에 민감하여야 한다. 이때 자녀의 정서에 대한 반응은 단순한 반영이 아닌 리드미컬한 대화의 흐름과 유사하다. 이는 기계적인 반응이 아닌 진심을 담은 자연스러운 소통을 의미하는 것이다. 매번 한 가지 톤으로 이야기하는 것은 지루하고 식상할 수도 있다. 자녀에게 의미와 적절한 감정을 전하기 위해서는 억양에 변화를 주어야 한다. 자녀가 자신이 만든 주차장에 대해 만족스러워한다면, **"와~ 멋지다! 신기하고 재미있게 생긴 주차장을 만들었구나"**와 같이 반응할 수 있다. 자녀가 나타낸 감정 수준 이상의 표현은 자제하고 자녀의 감정수준에 적절한 반응을 하여야 한다. 매우 작은 일임에도 불구하고 호들갑을 떨거나 격정적인 반응을 보이는 것은 자녀로 하여금 자신이 느끼는 것 이상의 반응과 행동을 표현하도록 만든다. 부모는 목소리의 톤과 얼굴 표정에 따뜻하고 다정한 이미지가 자연스럽게 담기도록 해야 한다. 특별놀이 시간을 포함한 모든 놀이 시간은 진지하거나 엄격해서는 안 된다. 미소를 짓고, 부모의 얼굴 표정은 생동감이 있어야 한다. 이는 언어로써 전달할 수 있는 그 이상의 것들을 전하는 또 다른 언어이기 때문이다.

특별놀이 안에서의 부모는 언어로 반응하는 참여자로 자녀가 관찰되고 있다고 느끼게 되면 관계가 나빠지므로 주의해야 한다. **"왜 자꾸 나를 보세요?"**라는 자녀의 질문은 부모가 언어적으로 충분히 반응하지 않는다는 것을 반증하는 것이다. 간혹, 자녀가 놀이나 활동에 몰두하여 별말이 없거나 정서를 충분히 감지할 수 없는 경우도 있다. 그런 경우에 부모는 자신이 보고 있는 실제적이고 객관적인 것에 반응할 수 있다. **"여러 동물이 있구나."**, **"얘는 의자에 앉아 있네."** 등과 같은 추적반응은 부모가 놀이에 참여하고 있고, 자녀와 함께 있음을 느끼게 한다. 자녀에게 반응하지 않고 앉아서 관찰만 하는 것은 자녀가 관찰당하고 있다는 느낌을 주어 자녀의 불안을 가중시킬 수 있다. 자녀의 놀이 및 활동을 따라가며 다정하고 따스한 목소리로 반응해 주는 것은 자녀에게 좋은 경험을 내면에 긍정적으로 축적하게 하는 방법이기도 하다. 이렇게 부모는 자녀가 말하는 내용을 반영해 주어 자녀가 보내는 메시지 내용을 듣고 이해하고 있다는 것을 알려 주는 것이다. 부모는 자녀가 말하는 내용을 조금 다른 표현방식으로 반영한다. 예를 들어, 자녀가 **"이제 공룡들의 전쟁이 곧 시작될 거야. 아무도 이것을 막을 수 없어"**라고 말한다면, 부모는 **"공룡들의 전쟁을 막을 수 있게 도와줄 사람이 아무도 없구나"**라고 반영한다. 자녀가 아기 인형에게 **"이제 그만 울고 맘마 먹자"**라고 한다면, 부모는 **"아기가 울어서 맘마를 챙겨 주는구나"** 또는 **"아기가 맘마를 먹고 그만 울기를 바라네"**라고 반영하면 된다.

내용에 더하여 자녀의 감정과 욕구, 소망을 반영한다. 대부분의 부모는 지금까지의 삶에서 자신의 감정을 표현하고 세분화하여 인식하는 것에 서툴 수 있다. 가정 내 특별놀이를 통하여 부모는 자신의 삶에서 견뎌야 했거나 회피하고 싶었던 불편한 정서를 인식할 수도 있다. 경우에 따라 자녀를 통해서 불편한 정서를 인식하기도 된다. 이를 스스로 인정하고 수용할 수 있어야 한다. 자녀의 감정과 욕구, 소망을 인정하고 반영해 주는 예로 **"ㅇㅇ이가 실망한 표정이네"**, **"ㅇㅇ이가 행복하구나"**, **"ㅇㅇ이가 즐거워 보이네"**, **"ㅇㅇ이가 화가 난 것 같네"**, **"ㅇㅇ이는 어떻게 해야 할지 잘 모르겠구나"**, **"ㅇㅇ이가 신났네"**, **"ㅇㅇ이가 뭔가 불편하구나"**, **"ㅇㅇ이는 그것이 정말 마음에 드는구나"** 등이 있다. 이렇게 자녀의 감정을 반영한다는 것은 자녀의 감정과 욕구를 이해하고 수용하고 있다는 것을 전달하는 것이고 부모가 자녀에게 관심을 갖고 있다는 것을 적극적으로 보여 주는 것이다. 이런 과정이 반복적이고 지속적으로 이루어진다면 자녀는 자신의 감정과 욕구, 소망 등을 인식하고 적절하게 표현할 수 있게 된다.

감정을 나타내는 단어들을 활용하여 감정 및 정서를 인식하고 표현해 보자.

- 예시 : 화나다, 성가시다, 약을 올리다, 깐족대다, 당황하다, 놀라다, 창피하다, 부끄럽다, 실망하다, 절망하다, 무섭다, 두렵다, 걱정되다, 긴장되다, 지치다, 힘들다, 압도되다, 충격받다, 황당하다, 슬프다, 외롭다, 괴롭다, 고통스럽다, 불행하다, 사랑받지 못하다, 행복하다, 충족되다, 만족하다, 흡족하다, 흥분되다, 기쁘다, 확고하다, 자신 있다, 자신 없다, 흥분하다, 자랑스럽다, 능력 있다, 무능력하다, 안정적이다, 불안정적이다, 확신에 차다, 사랑스럽다, 고맙다, 소중히 여기다, 열정적이다, 쾌활하다, 활달하다, 걱정이 많다, 걱정이 없다, 안도하다, 불안하다, 우울하다, 힘들다 등

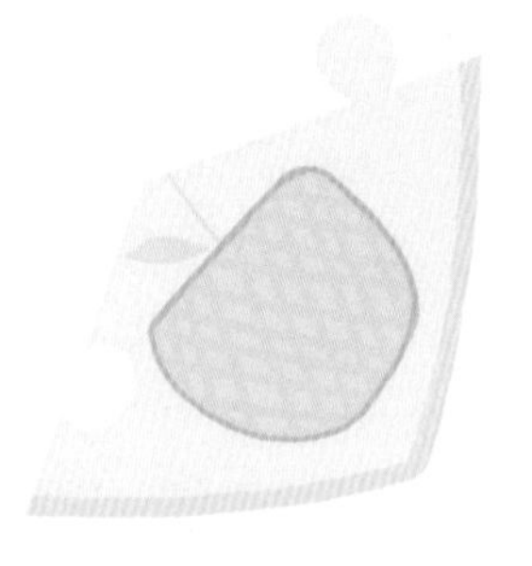

특별놀이 시간 동안 자녀가 보였던 다음과 같은 정서에 부모가 전한 공감적인 반응을 적어 보자.(기쁨, 화 또는 분노, 짜증, 좌절, 슬픔, 불안, 두려움, 걱정, 행복, 뿌듯함 등)

자녀의 감정과 욕구, 소망을 반영하는 방법은 다음과 같다.

① 자녀의 눈과 표정을 살피며 감정의 단서를 포착한다.

② 자녀가 무엇을 느끼는지 부모가 알아차리게 되면 그 감정을 언어로 짧게 표현한다. **"ㅇㅇ이가 슬퍼 보이네", "ㅇㅇ이가 지금 뭔가 마음에 들지 않는구나"**처럼 자녀의 이름으로 시작하여 메시지를 인격화한다.

③ 반영할 때, 반복된 문구는 피하는 것이 좋다.

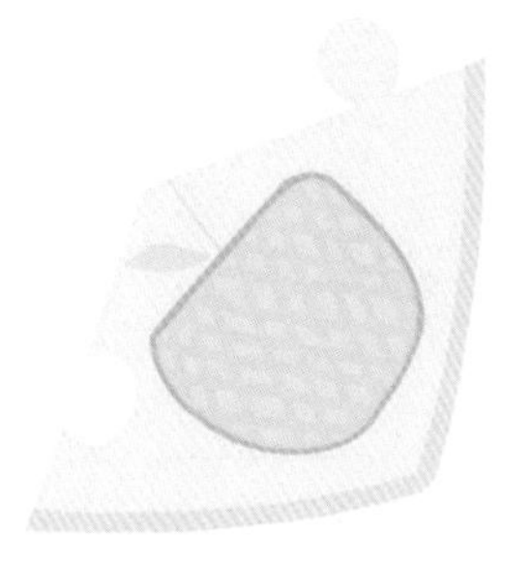

행복

• 자녀 : (어떤 상황이었는지/자녀가 무엇을 하였는지/무슨 말을 하였는지)

• 자녀가 느낀 것 :

• 부모의 반응 :

• 개선해야 할 반응 :

슬픔 

- 자녀 : (어떤 상황이었는지/자녀가 무엇을 하였는지/무슨 말을 하였는지)

- 자녀가 느낀 것 :

- 부모의 반응 :

- 개선해야 할 반응 :

화남

- 자녀 : (어떤 상황이었는지/자녀가 무엇을 하였는지/무슨 말을 하였는지)

- 자녀가 느낀 것 :

- 부모의 반응 :

- 개선해야 할 반응 :

두려움

- 자녀 : (어떤 상황이었는지/자녀가 무엇을 하였는지/무슨 말을 하였는지)

- 자녀가 느낀 것 :

- 부모의 반응 :

- 개선해야 할 반응 :

공감적 반응 연습하기

다음과 같은 상황에서 자녀의 감정에 초점을 두고 **공감적 반응**은 어떻게 해야 할까?

1. 자녀 : (눈살을 찌푸리고 얼굴이 빨개지고 눈에 눈물이 고여서) **"공룡을 잃어버렸어."**

부모 : ____________________

____

2. 자녀 : (엄마에게 물을 가져다주려다 물을 엎질렀다. 깜짝 놀라 엄마를 쳐다본다.)

부모 : ____________________

____

3. 자녀 : (서랍을 마구 뒤지며 자기가 입으려고 했던 옷을 찾으며) **"내 옷 어디 있어!"** (씩씩거리며 화를 낸다.)

부모 : ____________________

____

4. 자녀 : (인형 옷이 벗겨지자) **"와! 엉덩이 좀 봐!"**

부모 : ___

___

5. 자녀 : (깜깜한 방을 창문으로 들여다보면서) **"안에 뭐가 있지? 같이 들어가 볼래요?"**

부모 : ___

___

촉진적 반응 연습하기

촉진적 반응은 매우 중요하다. 부모가 자녀에게 도움을 주기 위해 노력한다고 해서 꼭 도움을 줄 수 있는 것은 아니다. 다음과 같은 촉진적 반응의 예시가 도움이 될 것이다.

맞춤법을 잘 아는 만 5세의 자녀가 특별놀이 중 '장난감'을 '장낙강'이라고 쓰고 나서, "이게 맞아요?"라고 질문하였다. 부모인 당신은 자녀에게 어떻게 반응하겠는가?

① 그것이 맞는지 아닌지를 나에게 말하는구나.
(이 반응은 자녀를 자유롭게 하지 못하고 맞고 틀림에 초점을 두는 것이다.)

② 너는 이게 맞는지 궁금하구나.
(대답은 맞지만 지연전략이다. 이는 자녀가 궁금해하는 것은 아니다.)

③ 네가 글자를 맞게 썼는지 확실하지 않아서 맞는지를 내가 말해 주기를 바라는구나.
(이해를 전하려는 반응이지만 자녀가 질문하는 이유를 오해하고 있고, 자녀의 자유를 인정하지 않고 있다.)

④ 어떻게 쓰는지 내가 말해 주기를 바라는구나. 그렇지만 나는 네가 '장난감'이라고 쓸 수 있다는 것을 알고 있어.
(자녀의 분명한 요구를 반영하고는 있으나, 자녀에게 압력을 주는 반응이다.)

⑤ 나는 네가 '장난감'을 쓰는 방법을 결정할 수 있다고 생각해.
(부모가 생각하는 것에만 초점을 두고 있다.)

⑥ 너는 그게 맞는 글자인지 틀린 글자인지 내가 말해 주기를 바라는 것 같구나. 여기서는 네가 원하는 대로 쓸 수 있어.
(첫 번째 문장은 자녀의 요구가 무엇인지 부모가 확실히 모르고 있다. 또한 반응을 너무 길게 하였다.)

⑦ 너는 그것이 맞는지를 내가 말해 주기 원하는구나. 여기서는 네가 결정할 수 있어.
('결정'이라는 용어를 썼기 때문에 훨씬 촉진적인 반응이고, 특별놀이 안에서는 자녀가 의

사를 결정할 수 있음을 전달하고 있다. 첫 번째 부분은 필요 없는 반응이다.)

⑧ 여기에서는 네 마음대로 글자를 쓸 수 있어.

(매우 구체적이고 자녀에게 자유를 인정하는 반응이다.)

특별놀이에서의 목표는 자녀가 자신의 방향을 설정할 수 있는 기회를 인정하는 것이다. **특별놀이에서 자녀에게는 교사(또는 학부모)가 아닌 온전히 자신과 함께하며 자신의 정서를 수용해 주는 부모가 필요하다.**

세 번째 회기

가정 내 특별놀이 시간에 하지 말아야 할 것

많은 부모들이 자녀를 위해서 무엇을 해야 할까를 먼저 생각한다. 현대의 부모들은 너무, 과하게 많이 하는 부분들이 있다. 이제는 해야 할 것들보다 하지 말아야 할 것을 먼저 생각해야 하는 시대가 되었다. 미디어 및 많은 SNS 등의 영향으로 부모로서 상대적 무능력감, 효능감 및 자존감·자신감의 저하 등 자신의 부족하고 미숙한 부분만을 보게 되어 상대적 박탈감을 겪기도 한다. 우리는 이미 알고 있다. SNS 등에 올리는 것에는 많은 연출과 과시, 관심 받고자 하는 욕구 등이 반영되었다는 것을. 그렇기 때문에 타인이 어떻게 살아가는 것에 주목하여 상대적 박탈감으로 의욕을 상실하지 않도록 주의해야 한다. 인간은 자신의 삶에서 자신이 주인공이므로 자신과 자신의 자녀, 배우자와 자신의 현재 상황에서의 강점 및 자원을 찾아서 집중하는 것이 중요하다. 타인에게 집중하여 시간을 허비하지 않고 그 시간을 온전히 자신의 것으로 만들기를 바란다.

자녀와의 가정 내 특별놀이에서 하지 않아야 할 것들을 알아보자. 다음의 내용은 특별놀이 시간에서도 중요하지만, 일상생활에서도 중요 참고사항이 될 것이다.

1. 자녀의 어떤 행동도 비난하지 않기

특별놀이를 하는 시간 동안 자녀가 어떤 놀잇감으로 어떤 놀이를 하든지 비난하지 않는다. 예를 들어, 블록으로 자동차를 만들어서 공룡과 부딪혀 다치게 한다는 내용으로 놀이를 한다면 그것에 대해서 비난하지 않아야 한다. 어떤 부모들의 경우, 굳이 공룡을 왜 다치게 하냐고 구구절절 설명하기도 한다. 아동은 스스로 놀이 안에서 문제 상황을 만들기도 하며 그것을 해결해 가는 과정을 스스로 알아 갈 것이기 때문에 그 상황과 내용을 있는 그대로 수용하면 된다.

자녀의 놀이 자체로서 의미가 있기 때문에 **"네가 그걸 할 수 있겠니?"**, **"잘도 하겠다**…" 등과 같은 표현은 도움이 되지 않는다. 이는 평상시에도 마찬가지다. 부모는 성장·발달하는 자녀가 스스로 성장해 나아가는 그 과정에 든든한 지원자가 되어 주면 된다.

2. 자녀를 칭찬하지 않기

칭찬은 고래도 춤추게 한다는 말을 과하게 맹신한 나머지 습관적으로 자녀의 성장·발달에 좋을 것이라 여겨 칭찬을 남발하는 경우가 있다. 놀이 안에서도 놀이 내용과 방법이 어찌되었든 습관적인 칭찬을 하는 경우가 있다. **"와~ 진짜 잘한다"**, **"네가 최고야!"**, **"어쩜 이렇게 잘해~"** 등과 같은 칭찬을 하는 것은 유아기 이후의 아동에게는 적절하지 않다. 칭찬은 자녀가 자신의 성장·발달 수준보다 더 성장·발달하려는 노력을 하는 과정의 내용을 구체적으로 지지 또는 격려를 하는 것으로 충분하다. 어린 유아기 자녀가 이전의 놀이보다 확장하여 놀이하는 것이 발견되었다면, 이를 격려하면 된다. **"지난번 아파트를 만들 때보다 더 높이 쌓았구나"**, **"이런 방법을 생각한 네가 기특하구나"**, **"열심히 만들어 가며 즐거워하는 모습을 보니 나도 즐겁구나"** 등과 같이 표현을 하면 된다. 그러려면 자녀를 면밀히 파악하고 있어야 하고 자녀와 함께하는 시간 동안은 자녀의 행동, 표정, 언어표현 등 여러 가지 신호들에 자녀가 느끼는 그대로를 이해하고 수용하여야 한다.

칭찬은 평가이고 판단이다. 다음의 예를 참조하여 살펴보기 바란다.

"잘했다!", **"그림이 정말 예쁘구나!"**, **"넌 정말 착한 아이야"**, **"어쩜 그렇게 멋지니. 네가 정말 최고야!"**, **"와~ 환상적이네"** 등.

아동들은 타인의 평가(칭찬)에 따라 자신의 행동을 결정짓기도 한다. 특히, 관심과 애정의 욕구가 높은 아동의 경우 타인의 칭찬에 집중하여 자신의 기분을 좋게 하려 하거나 타인을 기쁘게 하여 인정을 받으려 한다. 아동이 자신에게 주어진 상황 및 과업을 해결하기 위해 자신의 노력에 스스로 가치를 부여하도록 격려를 받는다면 이를 내면화하여 긍정적인 내적 자원이 쌓일 것이다. 칭찬보다 격려를 받는 아동은 스스로의 내적 통제와 조절력이 향상되어 자기 주도성과 긍정적 자아감, 책임감이 발달된다.

격려하는 말의 참조는 다음과 같다.

"너는 어떻게 집을 만드는지를 아는구나", "어떻게 나무를 그리는지 아는구나", "네가 원하는 방식이 있구나", "네가 그걸 해냈구나", "열심히 하고 있구나", "너는 그림 그리기를 정말 좋아하는구나", "네가 만든 자동차 길이 마음에 드는구나", "너는 공룡 이름을 많이 아는구나", "너는 공룡에 대해 관심이 많구나" 등과 같이 자녀의 능력을 반영하는 표현이다.

3. 먼저 질문하지 않기

특별놀이를 하는 동안 자녀가 하는 모든 것에 관심을 보인다며 끊임없이 질문을 하는 경우가 있다. 또는 사고 확장을 돕는 차원에서 좋은 질문이라 여기고 질문을 하는 경우도 있다. 특별놀이를 할 때는 자녀가 질문하기 이전에 질문하지 않아야 한다. **"이건 어떻게 열어요?"**라고 물었을 때, **"이걸 사용할 계획이구나", "이걸 열고 싶구나"**라고 하여야 한다. 부모가 먼저, **"이거 할래?", "이거 해 볼래?", "뭐 할 거야?", "어떻게 할 거야?"** 등과 같이 먼저 질문할 필요가 없다.

4. 특별놀이 시간 방해하지 않기

자녀와 함께하는 시간이고, 자녀와 함께 놀이를 한다고 하니 자녀의 모든 행동, 표정, 분위기, 언어적 상호작용에 적극적인 부모의 경우 끊임없는 반응과 반영을 하는 경우가 있다. 이런 경우, 자녀의 활동, 놀이, 고민, 계획 등을 방해할 수 있으므로 지나친 반응과 반영은 하지 않아야 한다. 자녀의 놀이 내용과 비언어적인 부분이 자녀에게 **유의미한 경우**에 반응과 반영을 하면 된다. **"그게 잘 끼워지지 않아서 집중하고 있구나"** 등과 같이 자녀의 분위기에 맞춰 낮고 조용한 목소리로 반응하면 된다.

5. 가르쳐 주거나 알려 주지 않기

놀이를 하다 보면, 자녀가 어려워하거나 고민하는 경우가 있다. 이런 때 자녀가 빨리 고민을 털어 내기를 바라는 마음에서 해결 방법을 곧바로 알려 주는 부모가 있다. 또는 자녀가 힘들어하는 모습을 부모 스스로 보고 있기 힘들어하여 문제 상황에서 빨리 벗어나고자 하는 경우가 있다. 자녀 스스로 고민하며 해결 방안을 찾을 때까지 조용히 기다려야 한다. 어린 자녀가 사소한 문제라도 스스로 해결했을 때의 작은 성취감을 쌓아 갈 수 있도록 부모는 조급함과 자녀에 대한 불안감을 내려놓길 바란다.

6. 설교하지 않기

평소 자녀에게 지나친 관여 및 통제를 하는 부모의 경우, 특히 어린 자녀를 '잘 가르치고자 하는 부모'일수록 일상사 모든 것을 통제하여 부모가 원하는 수준으로 맞추고자 하는 경향이 있다. 이러한 경향이 높을수록 자주 더 많이 자녀에게 잔소리를 할 가능성이 높다. 교육이고 관심이라는 명분으로 자주 간섭하거나 설명하게 되면, 자녀는 부모와의 관계에 불편함을 느끼게 되어 부모-자녀 관계성에 부정적인 영향을 끼치게 된다.

7. 새로운 행동을 주도하지 않기

아동들은 자신이 선호하거나 익숙한 놀잇감으로 놀이를 할 때 놀이 집중도가 높을 수 있다. 이런 경우 주어진 특별놀이 30분 동안 놀잇감 선택이나 놀이 방법이 단순해 보일 수 있다. 어떤 부모들은 다양한 놀잇감으로 다양한 놀이 주제 및 방법으로 놀이하기를 권유하거나 놀이방법을 전환하기를 유도하는 경우가 있다. 새로운 놀이방법을 알려 준다며 **"이렇게 한번 해 봐"**, **"이렇게 놀이할 수도 있는데"**, **"나는 이렇게 놀아야지"** 등과 같이 새로운 행동을 부모가 주도하기도 한다. 아동들은 자신의 놀이에 집중하고 있기 때문에 새로운 놀이방법에 별 관심이 없는 경우가 많다. 놀이를 할 때, 특히 특별놀이 시간만이라도 자녀가 주도하여 놀이할 수 있도록 머물러 주길 바란다.

8. 아무 말도 하지 않거나 가만히 있지 않기

아동 주도 놀이라고 해서 마치 소품처럼 가만히 앉아 있기만 하거나 침묵하는 부모들이 있다. 특별놀이 시간은 '함께하는 시간'이라는 것을 잊지 말자. 자녀를 지그시 바라보며, 무엇을 하는지, 어떤 놀잇감으로 어떤 내용을 담는 놀이를 하는지, 기분은 어떤지, 표정은 어떤지, 분위기는 어떤지, 어떤 의도로 하는지 등에 관심을 두고 몰입하게 되면 소품처럼 앉아서 시간을 때우다 마치지는 않을 것이다. 아무 말도 하지 않고 침묵하게 되면, 자녀가 느끼기에 '부모와 함께하고 있다'고 느끼기보다는 혼자 놀이를 감시당하고 있다는 압박감을 느낄 수 있기 때문에 주의해야 한다. 자녀의 놀이에 온전히 관심을 둔다면 침묵하지 못할 것이다.

가정 내 특별놀이 시간에 해야 할 것

1. 특별놀이 시간 마련하기

세션이 시작되기 전에 놀잇감 상자를 가져다 놓거나, 연령에 따라서는 꺼내어 진열해 두어 특별한 놀이 시간임을 알려 준다. 특별놀이 시간을 방해받지 않도록 한다. 특히, 형제자매가 있는 경우 특별놀이 시간 동안 누가 돌볼 것인지, 어떤 활동을 제공하여 특별놀이 시간에 방해받지 않을 것인지 등을 미리 점검한다.

2. 자녀가 주도하도록 하기

"네가 정할 수 있어", **"무엇을 선택할지 생각하는구나"**, **"어떻게 할지 계획이 있구나"** 등으로 자녀가 주도하도록 한다. 스스로 선택(의사결정)하였을 때, 그 결과에 대한 책임감을 갖고 대처할 수 있게 된다. 의사결정권과 자기 책임감을 배우기 위해서는 자기 주도적인 동기 유발이 되었을 때 스스로의 통제감을 느낄 수 있다. 이러한 책임감은 경험을 통해서 배울 수 있으므로 일상생활에서도 자녀에게 스스로 선택하고 결정할 수 있는 기회를 자주 부여하여야 한다. 부모의 지도력과는 별개의 것임을 주의하여야 한다. 자녀의 사적인 영역(예; 놀이 시 놀이주제, 놀잇감, 숙제를 하는 경우 어떤 과목부터 할 것인지 등)에 해당되므로 모든 사안에 대하여 자녀의 선택과 결정을 의미하는 것은 아니다.

3. 자녀의 행동을 따라가기

"자동차를 줄 세웠네", **"높이 쌓고 있구나"**, **"뭔가를 만들고 있네"** 등과 같이 자녀의 놀이 행동의 과정에 관심을 두어 유의미한 행동에 대해 읽어 준다. 이를 행동 tracking이라 한다. 특히, 언어 발달의 지연이 있는 유아의 경우, 이러한 행동 읽어 주기는 언어 발달에도 도움을 준다.

4. 자녀의 감정을 반영하기

자녀가 놀이를 하면서 짜증 난 얼굴을 하거나, **"에잇, 잘 안 돼"**라고 하였을 때, **"그게 마음에**

들지 않았구나"라고 자녀의 감정 및 정서를 읽어 준다. 이렇게 감정 및 정서를 읽어 주면 자녀의 감정 및 정서 발달이 세분화되어 현재 자신이 느끼는 감정을 구체적으로 인식하게 된다. 격앙된 감정이 행동으로 전이되지 않고 언어로 표현될수록 격한 행동이 감소된다. 자신의 감정을 인식함으로써 어떻게 표현해야 하는지를 알게 되어 정서 조절과 행동 조절의 발달을 돕게 된다.

※ **감정을 나타내는 단어들** : 화나다, 성나게 하다, 성가시다, 약 올리다, 당황하다, 놀라다, 창피하다, 실망하다, 무섭다, 두렵다, 겁나다, 불안하다, 긴장되다, 지치다, 압도되다, 충격받다, 걱정되다, 슬프다, 외롭다, 불행하다, 사랑받지 못하다, 행복하다, 흡족하다, 흥분되다, 기쁘다, 확고하다, 자신 있다, 자랑스럽다, 만족스럽다, 역량 있다, 결의가 있다, 안정감이 있다, 확신에 차 있다, 사랑스럽다, 고마움을 느끼다, 소중히 여기다, 열광적이다, 쾌활하다, 활달하다, 걱정 없다, 안도감을 느끼다, 흥분하다 등

5. 제한을 설정하기

제한 설정은 자녀를 안전하게 하며, 자아통제력과 책임감을 기르도록 하며, 사회적으로 허용되지 않는 행동을 제한하는 것이다. 제한은 일관적인 방법으로 침착하고 조용하지만 단호한 어조로 제한한다. 제한은 상황이 발생하였을 때, 즉시 실행한다. 제한은 미리 설정하지 않는다. 그 이유는 자녀에 대한 불신과 불안을 나타내지 않기 위함이다. 벽에 그림을 그리려고 하는 자녀에게 **"벽에 그림을 그리고 싶지만 벽에는 그림을 그리는 곳이 아니란다. 네가 그리기를 원한다면 스케치북에 그릴 수 있어"**라고 한다. 또 다른 대안으로는 한쪽 벽을 자녀가 충분히 낙서나 그리기 활동을 할 수 있도록 전지를 붙여 환경을 제공할 수도 있다. **(p.163 제한 설정 단계 참조)**

6. 자녀의 힘과 노력을 존중하기

아동들은 자신이 무언가를 해내기 위해서 엄청난 노력을 하고 있을 가능성이 있다. 이를 성인의 기준에서 본다면, 하찮아 보일 수 있으나 어린 자녀일수록 그들의 노력을 인정하고 존중

하려는 노력이 필요하다. **"너는 그것을 끝내려고 정말로 열심히 하는구나"**, **"그것을 여는 방법을 알아 가고 있구나"**, **"너는 그것을 네가 원하는 모양이 될 때까지 완성하기 위해 열심히 하는구나"**, **"선 밖으로 나가지 않게 색칠하려고 집중하고 있구나"** 등으로 인정하고 존중하는 표현을 한다.

7. 자녀와 놀이에 함께하기

자녀가 놀이에 초대를 하는 경우, 기꺼이 참여하면 된다. **"내가 아빠가 되길 바라는구나"**, **"너는 내가 이것들을 나란히 세우기를 원하는구나"** 등과 같이 구체적인 요청을 하면 그에 따르면 된다. 주의할 점은 놀이를 함께하는 것이니 부모 주도로 놀이가 진행되지 않도록 하여야 한다. 앞서 언급하였듯이 자녀 주도 놀이임을 잊지 말아야 하며, 자녀의 언어적/비언어적인 부분에서 유의미한 것들에 대해 반응하고 반영함으로써도 함께하는 것임을 기억하자.

8. 적극적으로 반응하기

적극적으로 반응하기란 자녀의 일거수일투족 모든 것에 반응하는 것이 아니다. 사소한 모든 것에 반응하는 것은 지나친 관여와 간섭으로 오히려 부모-자녀 관계를 망치게 된다. 여기에서의 적극적으로 반응하기란 '반응적 상호작용'으로 자녀의 노력과 열정, 고민, 능력, 성취, 인내 등에 관련한 내용에 대해 인정과 격려가 포함된 적극적인 반응을 말한다. **"네가 그것을 어떻게 여는지 알아냈구나"**, **"그것을 모두 완성하고 나니 매우 뿌듯해 보이는구나"** 등과 같은 반응이다. 반응적 상호작용을 잘하기 위해서는 자녀와 함께 그곳에 머물러 자녀의 입장에서 생각하고 느끼는 것이다. 그러면 자연스럽게 반응할 수 있게 된다.

부모 자신이 어린 아동이었을 때, 집에서 일어났던 일들을 바탕으로 한 가지 예를 적어 보자.

예를 들어, 매주 분리배출 담당과 같은 가정 내 처리할 일들이 분담되었는가? 그때의 문제해결을 위한 긍정적인 선택은 무엇이고, 회피하고자 했던 부정적인 선택은 무엇이었나?

- 상황 : ____________________

____

____

- 긍정적인 선택 : ____________________

____

____

- 부정적인 선택 : ____________________

____

____

평소 자녀에게 자주 언급하는 칭찬을 적어 보고, 이러한 칭찬이 자녀에게 미치는 영향이 무엇일지 적어 보자. 만일, 영혼 없는 칭찬("네가 최고야!", "완전 잘했어!" 등)을 습관적으로 하였다면 앞으로 어떻게 개선해야 할지도 적어 보자.

앞서 적어 본 칭찬을 격려표현으로 바꿔 보고,
자녀에게 미치는 영향이 무엇일지 적어 보자.

가정 내 특별놀이 시간에 부모가 취해야 할 8가지 기본 원칙

1. 부모는 자녀에게 다정하고 따뜻한 목소리로 말한다.

2. 부모는 특별히 제한해야 할 행동이 아니라면, 자녀의 감정과 표현, 자녀가 스스로 내린 결정 등을 있는 그대로 수용한다.

3. 부모는 자녀가 자신의 감정을 솔직하게 표현할 수 있도록 자유롭고 허용적인 분위기를 조성한다.

4. 부모는 자녀가 표현하는 감정과 느낌을 면밀히 관찰하여 그 감정을 말로 표현해 주어 자녀 스스로 자신의 감정과 행동을 더 잘 인식하고 이해할 수 있도록 한다.

5. 부모는 자녀가 스스로 문제를 해결할 능력이 있음을 존중하며 자녀에게 충고를 하거나 문제를 해결해 주려고 하지 않는다. 부모는 자녀가 한 결정에 따른 결과를 수용함으로써 스스로 책임을 지도록 한다.

6. 부모는 자녀의 행동이나 대화를 어떤 방향으로든 지시하지 않는다. 자녀가 주도하고 부모는 그에 따르도록 한다.

7. 부모는 자녀를 재촉하지 않는다. 이 과정은 점진적으로 변화할 것이므로 부모는 인내심을 가져야 한다. 변화에는 시간이 필요하다.

8. 부모는 모두의 안전을 지키기 위해 필요한 행동에 대해서만 제한을 실행하고 자녀가 자신의 행동에 책임을 지도록 한다.

촬영된 특별놀이 동영상 Review 후 스스로 발견했거나 느낀 점을 자유롭게 적어 보자.

특별놀이 시간이 끝난 후에 부모가 스스로에게 할 질문들

• 오늘 세션에서 내가 잘한 것은 무엇이었나?

• 잘되지 않은 것은 무엇이었나?

• 잘되지 않은 이유는?

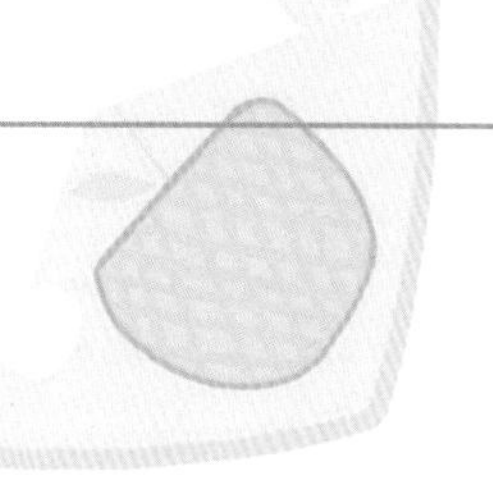

• 자녀의 오늘 주요 놀이 주제는 무엇이었나?

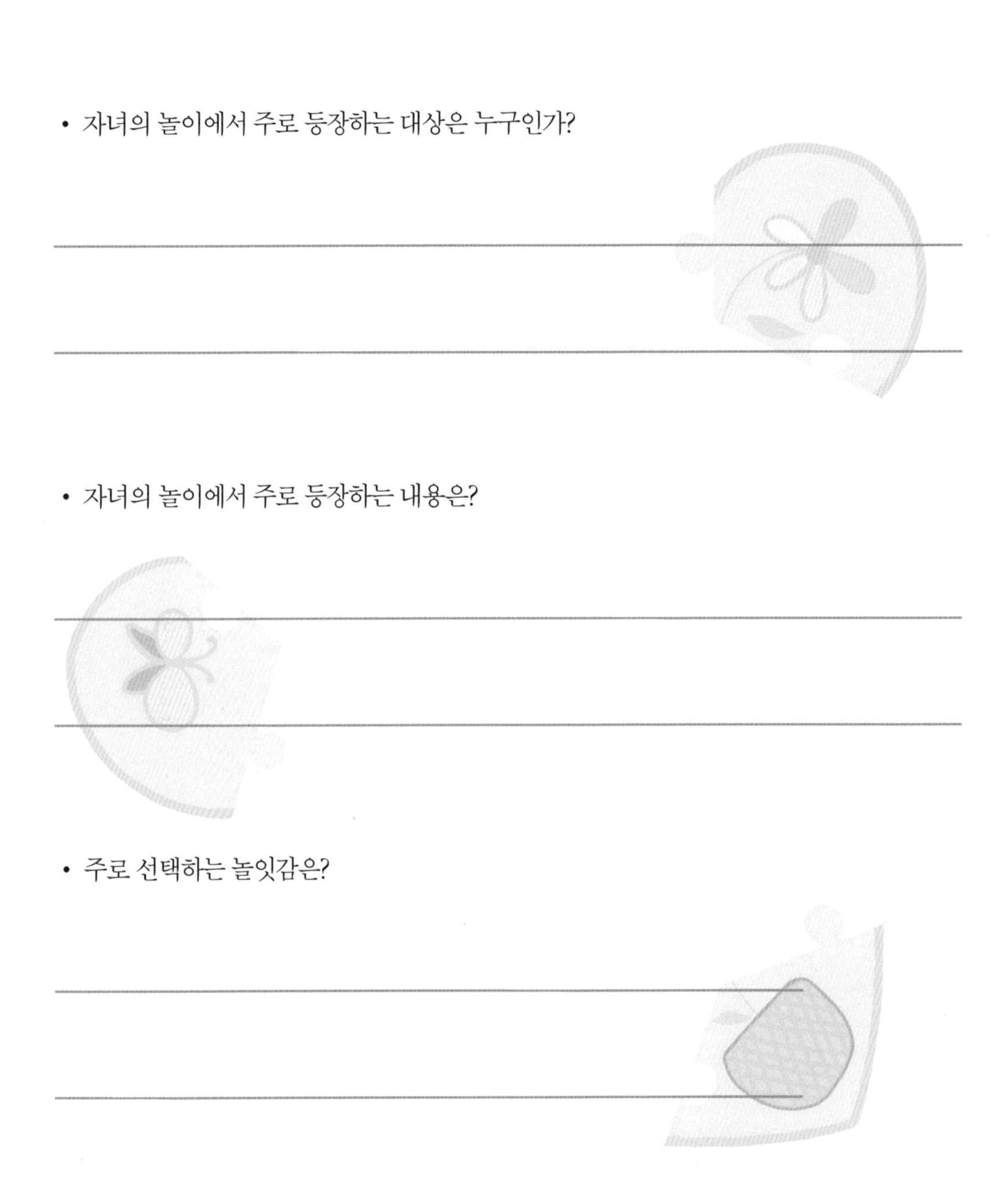

• 자녀의 놀이에서 주로 등장하는 대상은 누구인가?

• 자녀의 놀이에서 주로 등장하는 내용은?

• 주로 선택하는 놀잇감은?

자녀에게 해 준 반응을 점검하고 연습하여 내면화하기

1. 부모의 반응은 다음과 같은 것을 전달해야 한다.
   1) **"너는 혼자가 아니야. 내가 여기에 너와 함께 있단다."**
   2) **"나는 네가 어떻게 느끼는지를 이해하고 네 말과 행동을 열심히 듣고 보고 있다."**
   3) **"나는 네게 관심을 갖고 있다."**

2. 부모의 잘못된 반응으로 자녀에게 다음과 같은 것이 전달되어서는 안 된다.
   1) **"나는 너를 위해 네 어려움을 해결해 줄 것이다."**
   2) **"나는 너를 기쁘게 해 줄 책임이 있다."**
   3) **"너를 이해하기 때문에 당연히 네 말을 들어줄 것이다."**

네 번째 회기

제한 설정 기술

제한 설정 기술은 놀이 시간 동안 부모와 자녀를 안전하게 지켜 준다. 또한 필요할 때 부모 권위를 세우도록 하고 자녀가 자신의 행동에 대해 책임지도록 한다. 부모가 효과적으로 제한 설정을 하면 자녀는 부모의 경고를 무시하고 제한하는 행동을 했을 때 닥치게 되는 결과에 대한 책임을 배우게 된다. 이 기술은 가정특별놀이 시간에 지켜야 하는 것들을 더욱 분명히 해 준다.

1. 부모는 최소한의 제한만을 두어 자녀가 그 제한들을 기억하기 쉽게 한다. 제한이 적어야 자녀가 자유롭게 자신의 기분을 표현할 수 있는 분위기를 만들 수 있다.

2. 제한을 설정할 때는 그 제한이 자녀의 안전과 부모의 안전 그리고 놀잇감을 보호하기 위해 꼭 필요한 것인지를 고려한다.

3. 제한을 말해 주고 명확하고 일관적으로 지켜야 자녀가 **부모의 지시를 따라야 한다**는 것을 배우게 되며 부모를 시험해 보려는 행동을 시도하지 않는다.

4. 특별놀이 시간 동안 제한을 어길 때에는 놀이 시간을 끝낸다는 결과를 경험하도록 적용한다.

5. 제한은 놀이실 여건에 따라 다르지만 대체로 다음과 같은 것들이다.
   - 창문, 거울과 같은 깨지기 쉬운 곳에 물건을 던지지 않는다.
   - 벽이나 가구에 낙서하지 않는다.
   - 딱딱한 물건을 집어 던지지 않는다.

- 놀잇감을 부수지 않는다.
- 부모를 때리지 않는다.
- 그 이외에 부모가 개인적으로 받아들일 수 없는 것.(예를 들어 부모에게 욕을 한다, 부모의 머리카락을 잡아당긴다, 부모에게 계속 심부름을 시키는 것 등)

6. 제한 설정의 단계

※ 제한 설정의 3단계

A(Acknowledge the Feeling)

자녀의 감정을 인식한다. 자녀가 엄마를 때리려고 하면 그렇게 하고 싶은 자녀의 감정을 반영해 준다.

"뭔가 마음에 들지 않는구나." "나에게 화가 난 모양이구나."

C(Communicate the Limit)

제한을 알린다. 자녀에게 간단하지만 분명하고 구체적으로 제한행동을 말해 준다. 목소리는 밝으면서도 단호해야 한다. 자녀의 이름을 부르면서 금지한 행동을 하고 싶어 하는 자녀의 마음과 욕구를 읽어 주고(그럴 시간적 여유가 있다면) 금지된 행동을 할 수 없음을 말해 준다. 그러고 나서 자녀가 그만두고 다른 놀이를 하도록 조금 기다린다.

"엄마를 때릴 수는 없어."

T(Target an Alternative)

대안을 제시한다. 자녀의 감정과 욕구를 표현할 수 있는 다른 방법을 제안함으로써 자녀의 감정과 욕구는 거부되지 않고 수용되는 경험을 하게 됨으로써 자녀는 자신의 자아 통제력 및 조절력을 기를 수 있는 기회를 갖게 된다.

"그 대신 인형을 때릴 수는 있어."

이렇게 제한을 설정하였음에도 부모가 말한 제한을 어겼다면(또는 분명히 어기려 한다면) 자녀에게 **경고**한다. 다시 한번 금지된 행동에 대해 말하고 제한을 어기면 어떤 일이 일어날지를 말한다. 제한을 어겨 그 결과를 경험할 것인지 아닌지를 자녀 스스로 결정하도록 하기 위함이다. 경고를 한 후에 부모는 다시 자녀가 그만두고 다른 놀이를 하도록 기다린다.

"엄마를 때릴 수는 없다고 말했지. 엄마를 때리면 오늘은 더 이상 놀이를 할 수 없어."

그렇게 말했음에도 자녀가 제한을 어긴다면 앞서 말한 **결과를 적용**한다. 부모는 다시 한번 금지된 행동을 말해 주고 경고한 결과를 실행한다. 조용하고 낮으며 단호한 목소리(감정이 배제된)로 말한다. 필요하다면 놀이 시간이 끝났을 때 부모가 강제로 자녀를 데리고 나오는 방법을 실행한다. 이 과정은 자녀가 자신의 선택과 그 선택에 따라 책임지는 것을 배우도록 하는 것이다.

"엄마를 때리면 오늘은 놀이를 더 할 수 없다고 말했지! 너는 오늘 놀이를 여기서 끝내기로 결정했구나."

이러한 기술은 반드시 기억해야 한다. 하지만 단번에 될 것이라고 기대하기보다 점차 배워 나가게 되는 것이므로 시간을 여유롭게 갖고 인내심을 갖는 것이 중요하다. 전문가도 처음에는 초보자였다.

 촬영된 특별놀이 동영상 Review 후
스스로 발견했거나 느낀 점을 자유롭게 적어 보자.

자신의 감정 들여다보기

- 특별놀이 시간에 부모가 느꼈던 감정들을 자유롭게 적어 보자.

1.

2.

3.

제한 설정이 효과가 없을 때

제한을 설정할 때는 다음과 같은 과정을 두세 번 반복한다.

1. 자녀의 감정을 반영한다.
2. 분명하게 제한을 알려 준다.
3. 자녀가 자기의 감정을 표현할 수 있는 수용 가능한 대안을 제시한다.

그래도 자녀가 끝까지 말을 듣지 않으면 어떻게 할 것인가?

① 자녀가 말을 듣지 않는 이유를 찾아본다.
피곤한가, 아픈가, 배가 고픈가, 스트레스 받는 일이 있었는가 등등.
만일, 자녀가 신체적으로 불편한 상황이라면 자녀에게 지시하기 전에 먼저 신체적 불편을 보살핀다.

② 마음을 침착하게 가라앉히고, 자녀와 부모 자신을 존중한다.
자녀가 말을 듣지 않는다고 해서 부모가 잘못한 것은 아니며 자녀가 나쁜 것도 아니다. 모든 아동은 자신의 뜻대로 하고 싶어 하며, 어린 아동일수록 반항하는 연습을 해 보고 싶은 본능이 있다.

③ 말을 듣지 않으면 그에 따른 결과가 있음을 알려 준다.
부모 말을 따르거나 따르지 않기는 자녀가 선택할 수 있다. 그러나 부모 말을 따르지 않으

면 그에 따른 결과 또한 자녀가 경험하게 한다.

"엄마를 때리면 오늘은 놀이를 더 할 수가 없다."

"인형 다리를 부러뜨리면 오늘은 놀이를 더 할 수 없다."

④ 폭력을 허용하면 안 된다.

자녀가 폭력을 쓰려 할 때(위험한 행동을 하려 할 때)는 신체적으로 제지를 해야 하지만 이때 부모는 흥분하지 않아야 한다. 자녀의 분노와 충동을 반영해 주고 감정 상태를 인정하는 마음을 기반으로 제지하고 대안들을 제시한다. 자칫, 자녀와 힘겨루기를 하게 되는 상황으로 가지 않도록 해야 한다. 부모는 어린 자녀의 미성숙한 태도와 다른 성숙한 태도를 보여야 한다.

⑤ 부모가 제시하는 대안들에서 선택하기를 거부하면 부모가 선택해 준다.

자녀가 대안들 중에서 선택하지 않으려고 하는 것 또한 자녀가 하는 선택이므로 그 선택에 따른 결과를 경험하게 한다.

"네가 A도, B도, C도 선택하지 않는다면 엄마가 대신 선택해 달라고 하는 거구나."

⑥ 결과를 강하게 시행한다.

자녀가 화가 나서 놀잇감을 부수게 놓아둔다면 부모는 부모로서의 역할을 하지 않는 것이며 부모의 권위를 잃게 되는 것이다. 그렇기 때문에 단호하게 시행한다.

"오늘 놀이를 지금 끝내기로 결정했구나."

⑦ 자녀가 경험하는 감정을 반영해 준다.

제한의 결과를 시행했을 때 보이는 자녀의 격한 감정을 공감하여 반영해 준다.

"오늘 그만 놀아야 한다니까 화가 나는구나. 그렇지만 오늘은 더 놀 수가 없단다."

촬영된 특별놀이 동영상 Review 후
스스로 발견했거나 느낀 점을 자유롭게 적어 보자.

자녀와의 하루를 떠올려 보며 적어 보자.

- 자녀를 안아 준 횟수는?
- 자녀에게 언제 사랑한다고 말하였는가?
- 자녀와 눈 맞추고 따뜻한 정서적 접촉을 한 횟수는?
- 자녀의 강점(또는 긍정행동)을 5개 이상 적어 보자. (매일 실행하기)

① ______________________________

____

② ______________________________

____

③ ______________________________

____

④ ______________________________

____

⑤ ______________________________

____

- 자녀의 강점(또는 긍정행동)에 긍정적인 표현으로 돌려주자. (매일 실행하기)

특별놀이 시간에 자녀가 선택한 놀잇감, 놀이 방법, 놀이 활동 내용 등을 적어 보자.

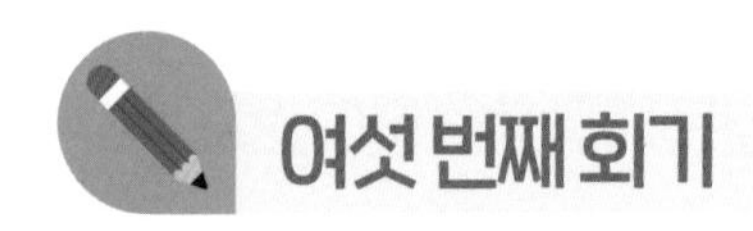

상상놀이 기법

이 기법은 자녀가 부모에게 상상놀이를 함께 하자고 했을 때 상상놀이를 하는 동안에 사용하는 것이다. 이를 통해 자녀가 세상을 어떻게 생각하고 이해하고 있는지를 알게 된다. 자녀가 부모에게 맡기는 역할을 가능하면 자녀가 원하는 방식으로 한다. 아동에 따라 부모에게 어떻게 그 역할을 하라고 구체적으로 알려 주기도 하지만 어떤 아동은 역할만 부여할 수도 있기 때문에 부모는 자녀가 원하는 것을 추측해 진행할 수도 있다.

1. **자녀가 제안하는 역할이 부모가 절대로 받아들일 수 없는 역할이 아니라면 그것을 한다.** 아동에 따라 도둑이나 강도 역할을 하라거나, 성행위를 묘사하는 역할을 부여하기도 한다. 이때는 왜 그런 역할을 맡기려 하는 것인지를 탐색해 볼 필요가 있다. 일반적인 아동의 역할놀이에서 전형적인 놀이로는 인형놀이, 마트놀이, 학교놀이, 친구(또는 가족)와의 관계놀이 등으로 다양하게 진행될 수 있다.

2. 중요한 것은 **자녀가 놀이의 연출자이고 기획자이며, 주인공이라는 점이다**. 부모는 자녀의 계획에 따라 자녀가 원하는 방식의 역할을 하며 놀이에 함께 참여하는 사람이라는 점을 염두에 두는 것이다.

3. **상상놀이를 하는 동안 일단 역할을 맡게 되면 공감적 경청 기술을 더 이상 적용하지 않는다.** 이때는 역할놀이에 충실하면 된다. 상상놀이가 끝나고 나면 다시 공감적 경청으로 돌아온다.

4. 자녀가 부모에게 원하는 것이 무엇인지 잘 모를 때에는

1) 먼저 자녀의 행동을 유심히 관찰하여 무엇을 원하는지 알아보려 한다.

2) 그래도 모르겠으면 작은 소리로 묻는다. **"내가 무엇을 했으면 좋겠니?"**

자녀의 놀이 이해하기

자녀를 이해하는 가장 좋은 방법은 자녀의 놀이를 관찰하는 것이다. 놀이는 일반적으로 아동에게 매우 자연스럽고 기본적인 것으로 실수나 실패의 부담에서 벗어나 즐거움을 느끼는 동안 자연스러운 상황에서 스스로 배울 수 있는 기회가 된다. 놀이 안에서는 현실에서의 심각한 일도 덜 심각해진다. 놀이는 아동의 삶으로 놀이를 통해 투사되고 경험되는 것을 통해 아동의 세상을 이해하게 된다.

위의 말들은 아동의 놀이가 얼마나 중요하며 놀이를 관찰하고 이해하면 아동을 얼마나 잘 이해할 수 있는지를 나타낸다. 가정 내 부모특별놀이 시간을 통해 얻는 가장 큰 즐거움은 자녀의 풍부한 상상력을 볼 수 있고 그들이 겪고 있는 여러 가지 어려움들을 놀라운 방식으로 표현하는 능력을 알게 되는 것이다. 부모는 자녀와 함께 놀면서 자녀가 발달하는 것을 직접 보게 된다. 자녀의 놀이가 의미하는 바를 이해한다면 자녀에게 더 좋은 영향을 끼칠 수 있는 양육방식을 취할 수 있게 된다.

가정 내 특별놀이에서 자녀의 놀이 주제는 대체로 자신에게 의미 있는 바와 전반적 느낌이나 기분을 담는다. 대부분의 부모는 놀이 주제를 상당히 잘 파악한다. **중요한 것은 아동의 놀이 주제의 중요성을 과소평가하거나 또는 놀이 주제에 너무 많은 의미를 부여하지 않고 그것을 적확하게 이해하는 것이다.** 놀이를 진행하는 것에 익숙해지면 점점 더 놀이 주제에 관해 알게 될 것이다.

염두에 두어야 할 것은 궁극적인 결론에 도달하기 전에 놀이 형태가 발달될 때까지 기다리는 것이 최선이다. 자녀의 놀이에서 한 번 나타나는 놀이 장면이나 사건으로는 그 놀이가 지니는 의미를 알기에 충분하지 않다. 자녀의 놀이를 적확하게 이해하려면 놀이 형태가 나타날 때가지 기다리는 인내가 필요하다.

자녀의 놀이 주제를 알 수 있는 신호들은 다음과 같다.

- 동일한 놀잇감을 반복해서 갖고 놀거나 동일한 행동을 한다. : 공격놀이를 계속하거나 슬픈 상황 등을 반복해서 재현함.
- 놀이를 갑자기 바꾼다. : 자신이 불편하거나 처리할 수 없는 내용이 출현하는 경우, 회피함.
- 하고 있는 놀이에 너무 몰입하여 주변의 어떠한 자극에도 반응하지 않는다.
- 다른 놀잇감을 갖고 놀기는 하지만 놀이 활동의 내용은 유사하거나 동일하다. : 가족 피규어로 역할 놀이를 할 때나 공룡으로 놀이를 할 때나 군인병정 피규어로 놀이를 할 때에도 동일하게 공격하거나 과격한 놀이 패턴으로 나타남.

양육자 스스로 또는 배우자와 상의할 내용들은 다음과 같다.

- 그 놀이에서 무엇을 알았는가?

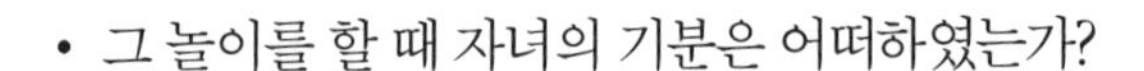

- 그 놀이를 할 때 자녀의 기분은 어떠하였는가?

- 만일, 부모가 충격 받았던 것이 있었다면, 그 놀이의 어떤 측면이었나?

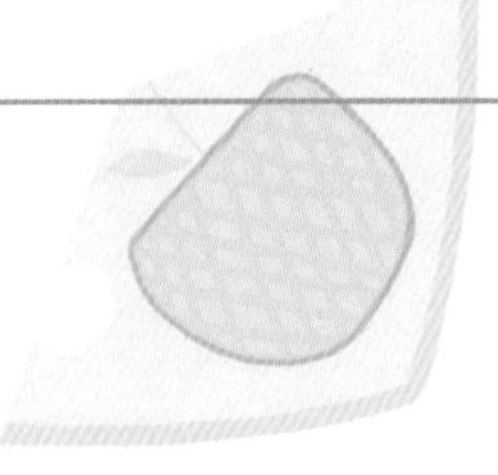

- 가끔씩 그 놀이가 반복되거나 혹은 강렬한가?

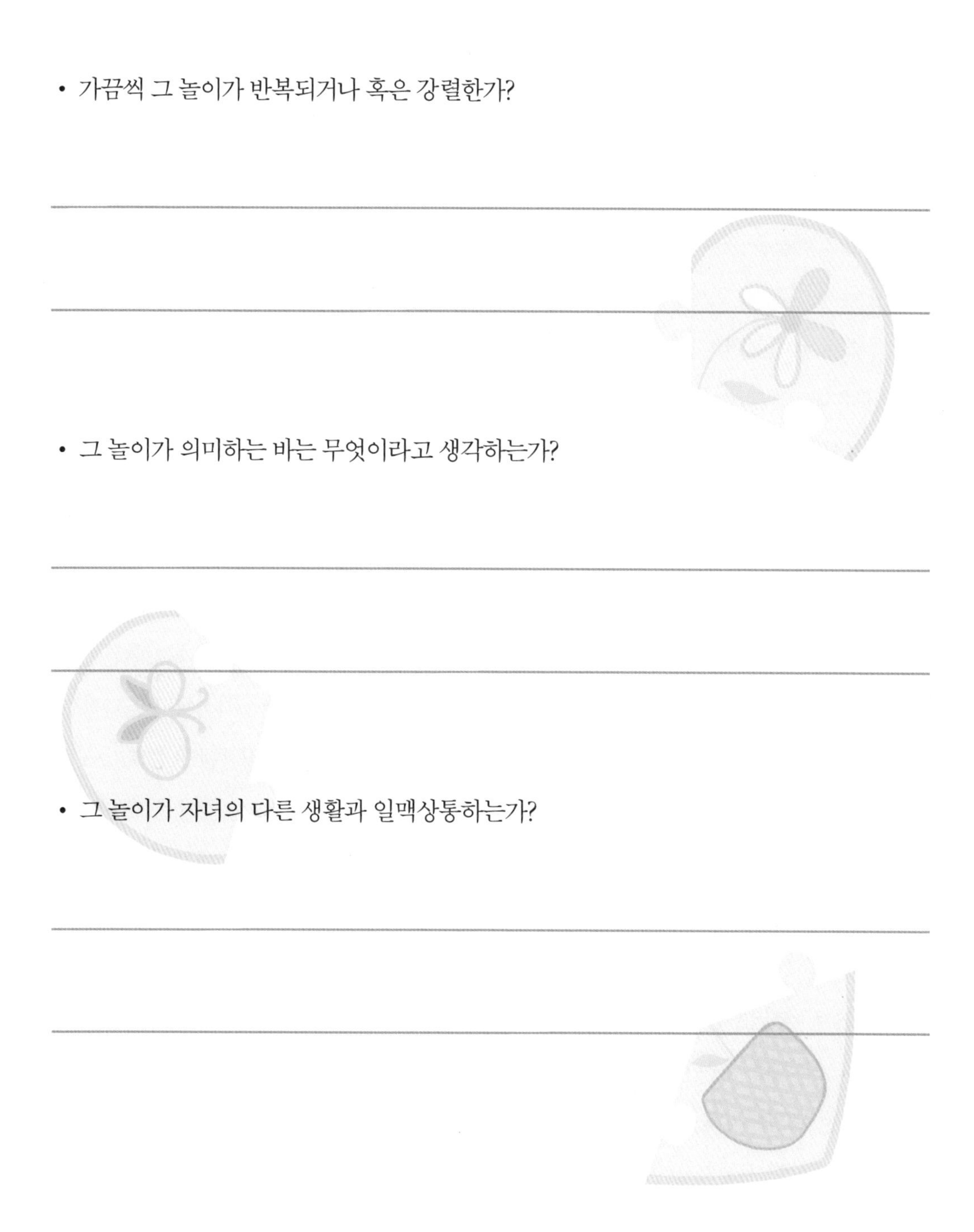

- 그 놀이가 의미하는 바는 무엇이라고 생각하는가?

- 그 놀이가 자녀의 다른 생활과 일맥상통하는가?

자녀의 놀이행동을 이해하기 위해 일반적인 놀이 주제들에 대해 알아보면 다음과 같다.

- 통제와 힘의 권력 : 아동은 자신이 겪는 실제 환경 및 상황에서 무력감을 느낄 수 있다. 자신의 무력감을 놀이 안에서 '악당'을 혼내 주거나 어딘가에 감금해 놓음으로써 자신의 힘을 행사할 수 있다. 자신을 혼내는 부모, 교사의 역할을 함으로써 자신의 무력감, 통제받았던 경험들을 표현할 수 있다.

- 폭넓은 정서 표현 : 허용적이고 수용적인 분위기에서 부모와의 정서적 상호작용을 경험하면서 자신의 정서표현을 가감 없이 표현할 수 있다. 정서에는 옳고 그름이 없고, 스스로가 어떻게 느끼느냐가 중요하다. 다만, 불쾌의 정서를 적절하게 표현하는 방법을 알아 가는 것이 중요하다.

- 선과 악 : 놀이를 하다 보면, 선악구조가 등장한다. 대부분의 아동들은 자신이 선한 역할을 하고, 상대에게 악한 역할을 부여한다. 이는 인간의 내면 특히 어린 아동에게는 선한 본성이 있기 때문이다. 만일, 스스로 악한 역할을 자처하는 경우는 내면의 공격적이고 파괴적인 요소를 해소하고자 하는 욕구가 있기 때문이다. 아동의 공격성은 놀잇감에 표현되기도 하지만, 함께하는 부모에게 공격성을 보일 수도 있다. 이때는 자녀의 감정을 읽어 주고 자녀의 행동이 놀잇감 또는 사람을 다치게 할 수 있으므로 제한을 설정해야 한다. 대부분의 어린 아동은 자신의 역할이 선이든 악이든 마무리에서는 모두가 잘 지내고 평화로운 것을 선택한다.

- 승패 : 전략게임(예 : 블루마블, 인생게임, 젠가 등) 및 승패(윷놀이, 탑 쌓기 등)의 결과가 주어지는 게임의 경우, 어린 아동일수록 이기는 것에 집착하는 모습을 보일 수 있다. 이는 정상 발달 과정에서 충분히 나타날 수 있으나, 반복적이고 지속적으로 자신만이 이기려 한다면 놀이를 통해 놀이 규칙 지키기, 결과 수용하기, 승패의 결과보다는 놀이 안에서의 즐거움이 더 중요하다는 것을 알게 해야 한다. 유아기 이후 또래 관계가 확장되면서 사회적 기

술은 더욱 중요해진다. 특히, 저출생의 영향으로 일상생활에서 형제자매 관계를 통해 자연스럽게 터득할 수 있었던 친사회적 기술을 각 가정에서는 외동자녀만을 양육하는 환경이어서 어쩔 수 없이 부모와의 상호작용을 통하여 익히게 된다. 각 가정의 양육환경에 따라 사회적 기술을 양방향이 아닌 일방적으로 습득하게 되는 현상들로 경우에 따라 독단적이거나 의존적이 된다. 본격적인 기관 생활이 시작되는 시기 또는 또래 관계가 확장되는 시기에 이전에 가정에서는 발견되지 않았던 행동들이 나타나게 되는데 이는 또래 관계에서의 여러 상황들의 발생으로 경험하게 되는 매우 자연스러운 과정이다. 각 가정에서는 이를 문제라고 여기기보다는 성장과정 중의 과업을 익힐 수 있는 적절한 기회라 인식하고 어떻게 친사회적 행동 및 기술을 알려 주어야 하는지를 고민하고 실행해야 한다. 이때는 가정 내에서 부모와의 상호작용을 통해 부모의 적절한 모델 제시가 도움이 된다. 자신만 먼저 하겠다거나 자신만 이기는 게임을 하겠다거나 하는 아동의 경우, 부모가 아동의 놀이상대가 되어 서로가 약속한 규칙을 지키고 게임 결과에 대해 수용하는 태도를 익히도록 도와야 한다.

- 관계 : 놀이를 진행하다 보면 또래·부모·교사·그 외 타인과의 관계성이 투사되는 내용이 나타난다. 그 예로 인물 피규어나 동물 피규어를 활용하여 관계성을 드러내는 놀이를 한다. 엄마와 아빠를 상징하는 피규어로 평상시 생활 및 대화패턴 등을 나타내고 그 사이에서 아동 자신을 나타내는 피규어로 자신이 느끼는 감정 등을 표현한다. 또는 부모와 자신의 관계에서 좋았거나 불편했던 경험 등을 표현하기도 한다.

- 유치원 생활 : 역할놀이를 할 때 교사가 아동 자신을 대하는 방식 또는 반 내부에서 일어나는 상황 등을 표현하기도 한다. 초등 저학년의 경우 학교생활을 놀이 안에 투사하기도 하므로 자녀와 특별놀이를 할 때 잘 살펴볼 필요가 있다.

- 상처 : 놀이 안에서 충분히 수용되는 경험을 하게 되면 아동들은 자신의 내면에 있는 긍정·부정적인 것들을 자연스럽게 표현하게 된다. 최근에 경험하였던 일들 중 외상 및 내

상에 대한 내용이 놀이로 표현되기도 한다. 예로, 자전거를 타다가 넘어져 무릎을 다친 아동의 경우는 무릎이 아프다는 설정을 하거나 교통사고가 난 상황을 연출하기도 한다. 또는 잦은 부부갈등이 있는 가정의 아동은 전쟁을 지속적으로 표현하기도 하며, 각 부모의 행동을 놀이에 포함시킨다.

- 회복 : 앞에서 나타난 아동 자신의 상처나 충격 등을 회복하기 위해 자신이 할 수 있는 방법들을 놀이에 적용한다. 예를 들어 신체적인 아픔이 있었다면 병원놀이를 통해 충분히 상처가 치료될 때까지 놀이를 반복한다. 어떤 아동의 경우, 어머니의 허리가 자주 아프다는 것을 알고 어머니의 허리에 주사를 놓거나 물리치료를 하여 다 나았는지를 확인하기도 한다. 내면의 상처가 있는 경우 직접적으로 표현하기보다는 자신을 대신할 수 있는 피규어를 선택하여 반복적으로 돌보고, 위로하는 모습을 보인다.

- 문제 해결 : 놀이를 진행하다 보면 사소한 문제들이 발생한다. 예를 들어, 블록을 끼우다가 잘되지 않을 때, 색종이 접기를 하다가 자신이 원하는 대로 잘 접히지 않을 때, 클레이 반죽으로 원하는 모양이 잘되지 않는 경우 등을 들 수 있다. 이런 경우 짜증을 내거나 부모에게 징징대기도 한다. 일상생활에서 부모 및 성인들은 짜증 내는 것을 보기 싫어서, 징징대는 것을 견디기 힘들어 문제 상황에서 빨리 벗어나기 위해 해결해 주는 경우가 많다. 이렇게 하면 아동은 의존하게 되고, 스스로 문제를 해결할 수 있는 기회가 박탈되어 자신을 무능한 존재로 인식하게 된다. 특별놀이에서는 아동 스스로 문제를 해결할 수 있게 격려하며 기다려주어 자신감과 유능감을 획득할 수 있도록 하여야 한다.

- 발달 과업 : 배변훈련의 어려움을 겪는 아동, 표현 언어 능력의 지연이 있는 아동, 사회적 기술의 결여, 조절력에 어려움이 있는 아동들의 경우 이를 놀이 안에서 충분히 표현하거나 표상할 수 있는 기회가 된다. 자신과 함께하는 부모 및 성인과의 밀도 있는 상호작용을 통하여 반복적으로 연습하고 내면화할 수 있게 된다. 예를 들어 배변훈련의 어려움을 겪

는 유아의 경우 변기 및 화장실 놀이를 선택하는데 이때 아동이 표현하는 것을 지지하고 격려함으로써 실수하는 것에 대한 압박감을 줄일 수 있다. 아동이 왜 화장실에 가는 것을 두려워하는지, 거부하는지를 알 수 있게 되는 기회가 되기도 하므로 이를 어떻게 도울 수 있는지도 알게 된다. 언어 발달의 지연이 있는 유아의 경우 수용언어능력은 양호하지만, 표현 언어능력에서의 지연을 들 수 있는데 놀이 안에서 행동으로 표현되는 것을 충분히 언어로 표현해 줌으로써 발달을 도울 수 있다. 특히, 의성어와 의태어 등을 충분히 활용하여 말로 표현하는 즐거움을 경험할 수 있다.

• 소망 : 놀이를 진행하다 보면 아동들은 자신의 욕구 및 소망을 표현하기도 한다. 예를 들어 이혼가정의 자녀는 부모와의 놀이를 통해 함께 살지 않는 부모에 대한 그리움을 표현하기도 하고, 양쪽 부모 모두와 함께 사는 누군가의 가정을 연출하기도 한다. 거부 및 통제를 자주 가하는 가정 내의 아동들은 놀이 안에서 위축되는 모습을 보이기도 하는 반면, 자기 마음대로 하려는 모습을 보이기도 한다.

놀이 주제가 분명하지 않다면 그것을 이해하기 위한 방법으로 자녀의 입장에서 놀이의 의미를 생각해 보는 것이다. 그리고 계속해서 그 놀이를 지켜보면 그 놀이의 의미가 점차 분명해진다.

가정 내 특별놀이에서는 놀이 주제에 관한 해석을 자녀와 함께 상의하지 않는다. 자녀에게는 단지 공감적 경청 기술을 사용할 뿐이다. 예를 들면, **"엄마 아빠가 싸우는 것처럼 여기 인형집도 싸우는 거구나"**와 같은 말은 **하지 않는다**. 자녀가 자신의 놀이를 '실제 생활'과 연결하여 말하지 않는다면 부모도 그렇게 하지 않아야 한다. 놀이를 현실과 연결하여 문제를 해결해 나가지 않아야 한다. 단지 행동이 변화될 수 있도록 그들의 상징 놀이 안에서 작업하도록 놓아두는 것이면 충분하다.

자녀의 놀이를 이해해야 하는 주요한 이유는 부모가 자녀의 욕구와 동기, 그리고 그들의 어려움을 아는 데 있다. 예를 들어, 자녀가 유치원에서 친구 때문에 힘들어하고 있는 놀이를 한다면 부모는 친구들과 잘 지내는 방법을 몸소 보여 줄 수 있다.

부모가 감사하게 생각하는 자녀의 특성을 적어 보자.(배우자에게도 적용해 보기)

표현의 예 : **"엄마는 네가 ~해서 참 고마워."**

-
-
-
-
-

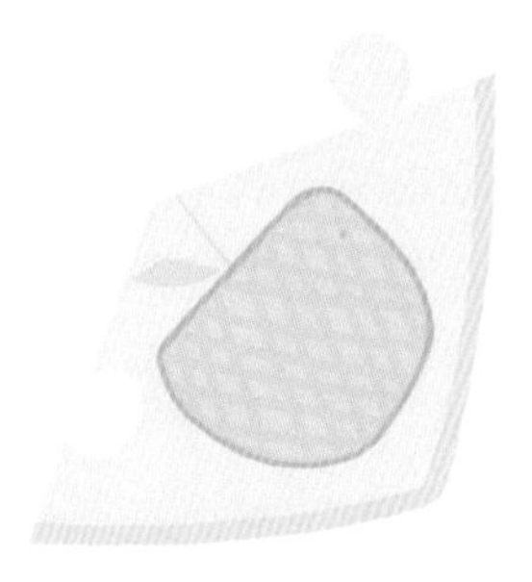

부모가 감사하게 생각하는 자녀의 특성을 적어 보자.(배우자에게도 적용해 보기)

촬영된 특별놀이 동영상 Review 후
스스로 발견했거나 느낀 점을 자유롭게 적어 보자.

일곱 번째 회기

가정 내 특별놀이 시 경험하는 질문들

가정 내 특별놀이를 진행하다 보면, 공통적으로 경험하는 질문들이 있다. 다음의 질문에 답을 해 보며 자녀와의 특별놀이를 다시 한번 점검해 보는 계기가 되기 바란다.

가정 내 특별놀이에서 경험하는 일반적인 어려움

1. Q : 부모가 평소와 다르게 말한다는 것을 눈치채고 평소처럼 말하라고 한다. 이럴 땐 어떻게 해야 할까?

   A : ______________________________

   ____

2. Q : 아이가 특별놀이 시간에 질문을 많이 하고 부모가 일일이 답해 주지 않으면 화를 내는 경우, 어떻게 해야 할까?

   A : ______________________________

   ____

3. Q : 아이가 재미있게 놀기만 한다. 부모가 뭔가 잘못하고 있는 것일까?

A : ______________________________

____

4. Q : 부모가 아이와 놀이하는 것을 지루하게 느낀다. 아이의 놀이에 부정적인 영향을 끼칠까?

A : ______________________________

____

5. Q : 부모가 해 준 말에 아이가 아무 반응을 보이지 않는 경우, 부모가 적절히 반응하고 있는지를 어떻게 알 수 있을까?

A : ______________________________

____

6. Q : 부모의 질문이 어떤 질문은 괜찮고 어떤 질문은 그렇지 않은가?

A : ______________________________

____

7. Q : 아이가 특별놀이 시간을 거부하는 경우, 그만두어야 할까?

A : ______________________________

____

8. Q : 아이가 특별놀이 시간을 연장하기를 바라는 경우, 연장해도 될까?

A : ______________________________

____

9. Q : 아이가 지나치게 의존적이면 어떻게 해야 할까?

A : ______________________________

____

10. Q : 아이가 계속 칭찬받으려 하면 어떻게 해야 할까?

A : ______________________________

____

11. Q : 아이가 부모의 눈을 가리게 하고 물건을 숨기려고 할 때는 어떻게 해야 할까?

A : ____

____

12. Q : 아이와의 특별놀이 시간을 지킬 수 없게 되면 어떻게 해야 할까?

A : ____

____

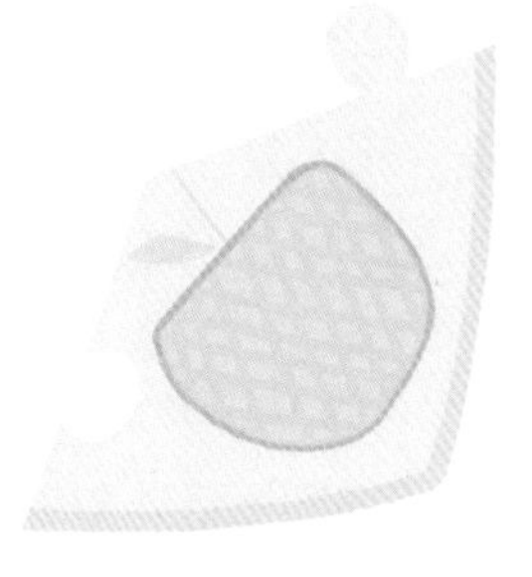

이전 페이지에서 점검했던 내용들을 확인하고 참조해 보는 내용은 다음과 같다. 참조해 보며 자녀에게 진술하게 답해 주면 된다.

1. Q : 부모가 평소와 다르게 말한다는 것을 눈치채고 평소처럼 말하라고 한다. 이럴 땐 어떻게 해야 할까?
   A : **"엄마가 평소와 다르게 말한다는 것을 알았구나. 엄마가 너와 더 잘 지내기 위해서 너에게 친절하고 따뜻하게 말하려고 노력하는 중이야."**

2. Q : 아이가 특별놀이 시간에 질문을 많이 하고 부모가 일일이 답해 주지 않으면 화를 내는 경우, 어떻게 해야 할까?
   A : 평소에 자녀에게 일일이 답을 해 주는 태도를 보이지 않았는지 살펴보기 바란다. 특별놀이 시간에도 평소와 같이 답을 해 주길 바라거나, 또는 평소와 다르게 특별놀이 시간에 다정한 부모의 태도를 끝까지 확인하기 위한 태도일 수도 있다. 이런 경우, **"엄마가 답을 다 해 주길 바라는구나. 엄마가 일일이 답을 하지 않는 것은 네가 이것에 대해서 잘 생각해 보고 시도할 수 있다는 것을 알기 때문이란다"**와 같이 자녀의 잠재능력과 도전을 촉진하는 상호작용이 도움 된다.

3. Q : 아이가 재미있게 놀기만 한다. 부모가 뭔가 잘못하고 있는 것일까?
   A : 부모와의 특별놀이 시간에 자녀가 놀이에 몰입하고 있다는 것만으로도 괜찮다. 그렇지만 부모와의 상호작용, 부모-자녀관계 향상을 위해서는 부모가 자녀와의 놀이에 온전히 몰입하고 있는지, 자녀에 대한 관심을 언어적/비언어적으로 충분히 표현하고 있는지를 살펴볼 필요가 있다. 자녀가 놀이에 얼마나 집중하고 있는지, 재미있어 하는지 등을 조용하고 다정한 목소리로 **"너는 정말 이 놀이가 재미있구나"**, **"놀이에 집중하고 있구나"**, **"어떻게 하면 더 재미있을까 깊이 생각하고 있구나"** 등과 같은 표현으로 부모의 관심을 표현할 수 있다.

4. Q : 부모가 아이와 놀이하는 것을 지루하게 느낀다. 아이의 놀이에 부정적인 영향을 끼칠까?

A : 부모가 자녀와 함께하는 특별놀이든 일반적인 놀이 및 활동에서든 부모가 지루해하면 자녀들은 흥미를 지속하기 어렵다. 또한, 자신이 부모에게 관심 받지 못하는 아이라 여길 수도, 사랑받지 않는 아이라 여길 수도 있기 때문에 자녀와 함께하는 놀이 및 활동에서는 부모도 즐거움을 찾으려 해야 한다. 자녀의 놀이를 면밀히 살펴보며 자녀가 현재 느끼는 감정, 생각, 의도 등에 관심을 갖는다면 지루할 틈이 없을 것이다. 자녀와의 놀이에 지루함을 느끼는 부모 자신의 현재 컨디션, 고민의 유무 등을 살펴보기 바란다.

5. Q : 부모가 해 준 말에 아이가 아무 반응을 보이지 않는 경우, 부모가 적절히 반응하고 있는지를 어떻게 알 수 있을까?

A : 자녀의 현재 상황에 적절한 표현이었는지, 평소 자녀와의 상호작용이 자연스럽지 않았는지, 자녀가 자신의 놀이에 집중하고 있어서 반응이 없는지 등을 살펴봐야 한다. 부모의 반응이 적절하였는지를 확인하는 것보다 더 중요한 것은 자녀의 활동이고, 자녀의 활동에 따른 내용에 적절하게 관심을 전달하였다면 자녀의 반응 유무는 무방하다. 다만, 지속적으로 자녀의 반응이 없다면 이는 전반적인 발달 및 부모-자녀 관계, 타인에 대한 관심 및 동조 등을 점검해 볼 필요가 있다.

6. Q : 부모의 질문이 어떤 질문은 괜찮고 어떤 질문은 그렇지 않나?

A : 특별놀이 시간에 질문은 가능한 지양해야 하나, 자녀의 요구 및 역할 지시 등에 따라 재확인하는 질문은 괜찮다. 보통 놀이 및 활동에서 부모는 자녀에게 조금 더 인지적인 이득을 취하기 위한 전략으로 자칫 놀이가 학습으로 전락하는 경우가 있다. 또한, 부모의 자녀에 대한 기대수준이 높은 경우 놀이로 시작되었다가 간단한 학습놀이나 지적 탐구에 흥미를 보일 때 질문을 계속하여 답을 요구하는 상황이 반복된다면 자녀는 부모와의 놀이 및 활동을 거부하게 된다. 예를 들어, 가족 놀이를 하는 경우 자녀가 부모에게 어떤 역할을 부여할 때, 그 역할을 어떻게 해야 하는지, 어떤 상황인지 등을 묻는 것은 괜찮다. **"너는**

엄마가 아기 역할을 했으면 하는구나. 아기는 지금 어떻게 하고 있으면 될까?"는 좋다. 그런데 "**이렇게 하면 아기는 불편하지 않을까? 아기가 슬플 것 같은데 이건 싫어할 것 같아**"라는 표현은 좋지 않다. 이러한 경우, 자녀는 자신의 내면을 온전히 놀이에 투사하지 않고, 부모가 원하는 방식으로 놀이를 하게 된다. 그건 놀이가 아니고 지속적으로 탐색당하고 관찰당하는 시간이 되기 때문에 자녀는 부모와의 놀이를 거부하거나 회피하게 된다.

7. Q : 아이가 특별놀이 시간을 거부하는 경우, 그만두어야 할까?

A : 자녀가 왜 특별놀이를 거부하는지 면밀히 살펴보아야 한다. 그렇다고 자녀에게 지나치게 신문하듯이 알아보는 것은 금물이다. 자녀의 컨디션은 양호한지, 뭔가 불편한 상황이 이전에 있지는 않았는지, 부모와의 관계가 불편하여 단둘이 무엇인가를 하는 것에 부담을 느낀 것은 아닌지, 특별놀이 시간에 지나친 개입이나 질문, 지시, 평가 등의 표현을 하지는 않았는지를 살펴봐야 한다. 이러한 경우가 아니라면 단순히 '오늘은 하기 싫어서'일 수도 있다. 그렇다면, "**오늘은 하기가 싫었구나. 그러면 오늘 특별놀이는 언제 할까?**"라고 함께 다시 정하여 시행하면 된다. 그다음에도 거부한다면, "**ㅇㅇ이가 엄마와 하는 특별놀이가 왜 싫은지 궁금하구나.**"라고 물어보고, 자녀의 의사를 존중해 준다. "**그래, 그래서 하기 싫었구나. 그러면 ㅇㅇ이 네가 다시 하고 싶은 때 엄마에게 이야기해 주면 엄마도 시간이 괜찮은지 확인하고 다시 시작하자**"라고 하면 된다. 특별놀이를 하는 것은 자녀와의 긍정적인 상호작용의 경험을 갖기 위한 목적이 있기 때문에 특별놀이를 시행하지 않는 동안 일상에서 자녀와의 놀이 및 활동을 자연스럽게 하는 것이 더 중요하다.

8. Q : 아이가 특별놀이 시간을 연장하기를 바라는 경우, 연장해도 될까?

A : 가정 내 특별놀이를 진행하다 보면, 대부분의 아동이 특별놀이 시간을 연장하기를 바라는 경우가 많다. 특별놀이 시간을 30분으로 정한 것은 어린 아동들의 시간제한, 규칙 지키기 등을 통하여 계획 세우기, 계획대로 실행하기, 약속된 종료시간 지키기 등을 통하여 자신의 욕구 조절을 연습하기 위한 전략적 장치이다. 어린 아동의 경우, 자기조절력을 키

우기 위해서는 자신이 하고 싶은 것을 참는 것도, 자신의 욕구를 만족시키기 위한 것을 지연시키는 것도 연습이 필요하다. 이것을 적절하고 자연스럽게 놀이 및 일상생활에서 배우고 키울 수 있어야 한다. 이를 부모와의 긍정적인 관계 안에서 터득할 수 있다면 정서 및 행동조절력을 키우며 내면화하게 된다. 자녀가 특별놀이를 더 하고 싶어 한다면, **"더 놀고 싶었구나. 그렇지만 오늘 시간은 다 되었단다"**라고 자녀의 마음을 읽어 준다. 그래도 더 놀고 싶다고 한다면, **"더 놀고 싶지만 이제 우리는 밖으로 나가야 해. 엄마 손을 잡고 나갈까? 업고 나갈까?"**라며, 2가지의 선택지를 제시한다. 2가지의 선택지는 놀이를 마치는 목표행동을 위한 자녀의 선택 및 결정을 돕기 위한 전략이다. 이때의 선택지는 자녀가 어떤 선택을 하여도 부모나 자녀에게 부정적인 영향을 끼치는 것이어서는 안 된다. 예를 들어, **"마치고 나가서 유튜브 영상 보자"**와 같이 미디어를 제공하는 것, 게임을 하게 하는 것 등은 매우 위험한 행동을 시작하도록 부모가 만드는 것이므로 절대 금한다.

9. Q : 아이가 지나치게 의존적이면 어떻게 해야 할까?

A : 아동의 기질이나 성향이 본래 소극적이거나 내향적이어서 자신의 욕구를 잘 표현하지 못하는 아동인 경우 또는 부모가 지나치게 자녀에게 불편함 없이 미리 모든 것을 부모 주도로 제공하여 아동 스스로 선택하거나 결정할 필요가 없는 환경은 아니었는지를 살펴봐야 한다. 이러한 경우 타인, 특히 성인이나 자신보다 더 적극적이거나 성숙한 대상에게 의존하려는 경향이 있다. 어린 아동이 건강한 성인으로 성장・발달하기 위해서는 타인에 의존하기보다 자기 자신을 믿고 자신의 선택에 따른 결과를 수용하여 책임감까지 길러줄 수 있는 환경에서 **자기의존을 촉진**할 수 있게 된다. 아동이 스스로 의사 결정할 수 있고 어떤 것이든 도전해 볼 수 있도록 허용하여야 한다. 물론, 안전한 환경에서 말이다. 특별놀이 시간에 스스로 놀잇감을 선택하고, 놀이방법을 계획하고, 무엇을 그려야 할지, 어떤 놀이부터 시작해야 할지는 모두 아동이 결정하게 하여야 한다. 부모는 자녀가 하라는 대로, 해달라는 대로 하지 않아야 한다. 다음과 같이 자녀에 대한 믿음을 전하고 자녀에게 책임을 돌려주어야 한다. 자녀가 **"엄마, 뚜껑 좀 열어 주세요"**라고 하였을 때, **"뚜껑을 열려고 하는구**

나. 그건 네가 할 수 있단다"라고 하여야 한다. 열려고 하는 뚜껑이 너무 단단히 닫혀 있어 열기 힘든 경우는 살짝 만져 주어 자녀가 열 수 있도록 한다. 이는 평상시에도 기관에 다녀와서 현관에서 신발을 벗거나 옷을 벗겨 달라고 할 때도 동일하다. "**신발은 네가 벗을 수 있어**"라고 한다.

10. Q : 아이가 계속 칭찬 받으려 하면 어떻게 해야 할까?

A : 자녀와의 상호작용에서 동일한 패턴으로 부모가 자녀를 칭찬 또는 지적 등으로 평가나 판단을 하였다면, 자녀는 특별놀이에서의 수용적인 분위기에서는 더더욱 칭찬을 요구할 수 있다. 이러한 경우는 평소 부모-자녀와의 관계패턴 및 상호작용 패턴을 살펴볼 필요가 있다. 부모는 자녀의 감정과 자녀가 지각하는 감정수준 등에 민감하여야 한다. 자녀가 부모에게 자신이 만든 작품(예 : 블록으로 만든 주차장)이 마음에 드는지, 잘 만들었는지를 부모에게 묻는다면 어떻게 말해 주어야 할까? 그런 경우, 자녀가 자신의 행동에 대한 타인의 평가에서 자유로워질 수 있도록, 자신의 작품에 대해 순수한 마음으로 감상할 수 있도록, 보상과 만족감을 스스로의 내적 체계에서 발달할 수 있도록 하여야 한다. 자녀가 바라는 평가적 칭찬보다는 아이 스스로 자신의 작품을 소중히 여기도록 촉진하여야 한다. "**이 주차장 멋지지 않나요?**"라고 물었을 때, "**(자세히 살펴보며) 이 주차장엔 주차할 수 있는 곳이 5곳이 있구나. 여기는 작은 차를 주차할 수 있나 보네. 이쪽엔 커다란 차도 주차할 수 있겠네. 주차공간의 색들을 다르게 표현하였구나**"로 표현할 수 있다. 이렇게 표현하는 것은 자녀의 창작물에 대해 비평가적이고 세세한 부분까지도 관심을 주었다는 것을 아동 스스로도 느끼게 하고, 자신의 작품에 대해 스스로 뿌듯함을 갖게 한다. 또한, 부모는 "**여기서 중요한 것은 네가 만든 이 주차장이 엄마 마음에 드는지가 아니라, 네가 이 주차장에 대해 어떻게 생각하는지가 중요하단다**"라고 말해 줌으로써 특별놀이 시간에서의 부모-자녀 관계를 분명히 할 수 있다.

11. Q : 아이가 부모의 눈을 가리게 하고 물건을 숨기려고 할 때는 어떻게 해야 할까?

A : 스무고개를 넘듯 수수께끼 놀이를 하다가 불현듯 부모에게 눈을 감으라고 할 수도 있

다. **"엄마, 눈을 가리고 내가 토끼를 어디다 숨겼는지 찾아보세요"**라고 한다면 어떻게 할 것인가? **"엄마와 숨기기 놀이를 하고 싶구나"**라고 반응하고, **"지금은 숨기기 놀이하는 시간이 아니란다"**라고 짧게 이야기를 해 준다. 그럼에도 눈을 계속 가리라고 요구한다면, **"눈을 가리게 되면 놀이를 할 수가 없어. 숨기기 놀이는 특별놀이 아닌 시간에 하자"**라고 하면 된다.

12. Q : 아이와의 특별놀이 시간을 지킬 수 없게 되면 어떻게 해야 할까?

A : 불가피하게 특별놀이 시간을 지킬 수 없게 될 수도 있다. 하루 전에 불가피하다는 것을 알릴 수 있다면 최상이나, 특별놀이 실행일 당일에 돌발 상황으로 실행이 어렵게 된다면, **"ㅇㅇ아~ 오늘 우리 특별놀이 하는 날인데, 엄마가 △△일이 생겨서 진행하기 어렵게 되었어. 오늘 하지 못한 특별놀이는 언제, 어느 시간에 하자"**라고 알려 주면 된다. 자녀가 이를 흔쾌히 이해할 수도 있고, 아쉬움을 드러낼 수도 있다. 아쉬움을 드러낼 때는 **"엄마도 오늘 이런 일이 갑자기 생겨서 할 수 없게 되어 아주 많이 아쉽단다. 네가 이해해 줘서 고맙구나"**라고 표현하면 된다.

촬영된 특별놀이 동영상 Review 후
스스로 발견했거나 느낀 점을 자유롭게 적어 보자.

자녀와의 하루를 떠올려 보며 적어 보자.

- 한 주 동안 자녀를 안아 준 총 횟수는? ______________________

- 일평균 횟수는? ______________________

- 한 주 동안 긍정적 관심을 준 내용을 생각나는 대로 모두 적어 보자.

____

____

____

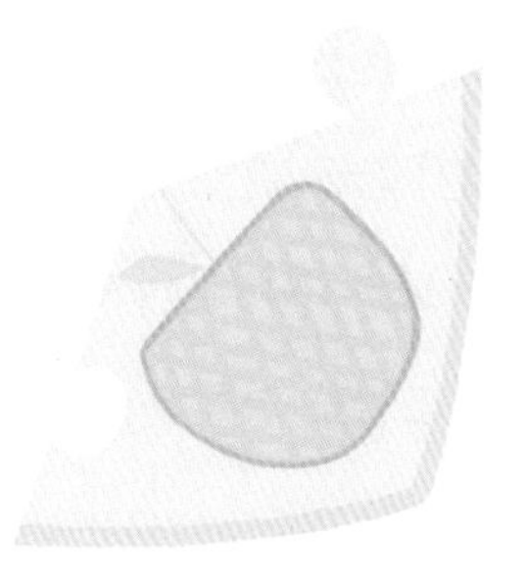

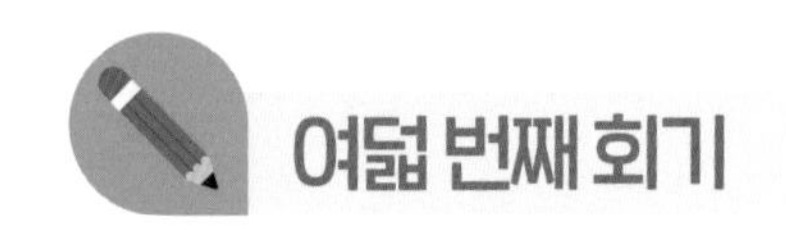

여덟 번째 회기

놀이 시간에 느끼는 부모의 감정

특별놀이 시간의 회기가 더해지고 기법이 향상되면서 부모는 자녀의 놀이와 그 놀이의 의미에 관심을 두게 된다. 부모는 자신의 생각과 기분을 직접적으로 표현하지 않도록 훈습되지만 놀이를 하다 보면 어쩔 수 없이 감정적 표현으로 반응을 하게 된다. 그런 반응들의 대부분은 긍정적이므로 크게 염려하지 않아도 된다. 많은 부모들이 특별놀이 시간을 재미있고 생기 있다고 말한다. 그 시간 동안 자녀들이 표현하고 보여 주는 것을 함께 하는 것은 새로운 경험이다. 자녀와 깊은 관계를 경험하는 것은 놀랍고도 가슴 따뜻해지는 일이다.

그렇지만 불가피한 어떤 경우에는 긍정적 감정 이외의 다른 감정을 느끼기도 한다. 자녀가 하는 놀이가 싫을 수도 있고 자녀가 표현하려고 하는 것에 당황할 수도 있다. 부모는 그런 놀이가 과연 '정상'인지 그리고 자기가 좋은 부모였는지를 걱정할 수 있다. 가끔은 자녀의 놀이가 결국에는 어떻게 표출될 것인지를 걱정하게 되는 계기가 되기도 한다. 이러한 것들은 일반적으로 놀이 시간에 부모들이 염려하는 것들이다. 그러한 경험이 자주 나타나지는 않지만 전반적으로 흔히 나타난다. 모든 부모들이 그런 경험을 한다.

부모가 느끼는 어떤 반응은 부모 자신의 삶과 관련이 있기도 하다. 어떤 반응은 자녀와 다른 성격적 특성 때문에 느끼기도 한다. 가끔 부모는 자녀의 놀이에서 '부모 자신'을 발견하게 되어 당혹스러워한다. 이유가 어떻든 부모가 느끼는 감정은 매우 중요하다. 자녀와의 특별놀이 시간에 부모가 느낀 긍정적 감정이든 부정적 감정이든 감정들을 말하게 된다. 잊지 말아야 할 것은 모든 부모가 자녀와의 특별놀이 시간에 염려하는 마음을 갖게 된다는 것이고, 그러한 염려를 다른 부모들도 경험하지만, 이를 어떻게 인식하고 다루느냐가 더 중요하다는 점이다.

 촬영된 특별놀이 동영상 Review 후
스스로 발견했거나 느낀 점을 자유롭게 적어 보자.

특별놀이 시간에 갖게 되는 의문사항들

-
-
-

그것이 왜 궁금하였나? 위 의문사항들에 대해 스스로 답을 해 보자.

-
-
-

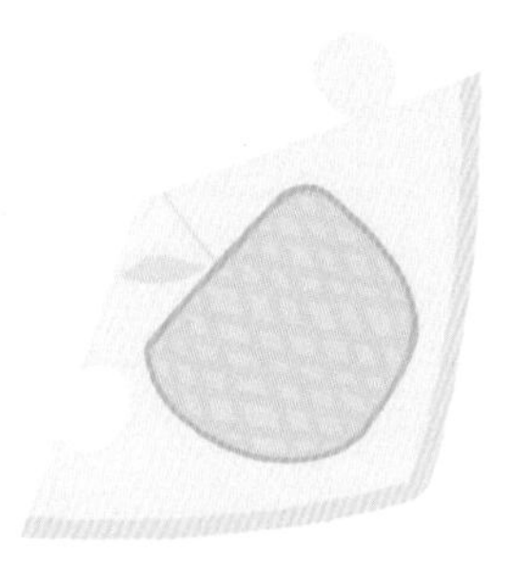

아홉 번째 회기

선택의 기회 주기

자녀의 연령에 따라 적절한 선택의 기회를 주는 것은 자녀에게 결정권을 행사하고 자신의 결정에 따른 책임감을 기를 수 있는 기회를 제공하는 것이다. 자녀에게 선택권이 주어졌을 때 장기적으로 자신이 선택한 것에 대해 스스로 사고하게 된다. 이것은 어린 자녀의 양심과 도덕성 발달에도 기여하므로 인성함양에 도움이 된다. 만일, 부모 또는 성인들이 지속적으로 아동에게 문제해결 방법이나 실행해야 하는 것 등을 지시한다면 아동들은 언제 자신이 선택하고 결정하며 자신의 책임감을 배울 수 있겠는가? 자녀에게 선택권이 주어지지 않고 부모 또는 성인이 모든 것을 지시하고 결정하게 되면, 자신이 해결하지 못하는 것은 부모 또는 성인이 해결해 줄 것이라는 의존성을 기르게 된다. 이에 자녀에게 선택권을 주고 스스로 결정하여 그 결과까지 받아들일 수 있게 기회를 주는 것이다.

선택의 기회를 줄 때는 자녀에게 장기적으로 도움이 될 수 있는 것인지, 무엇이 가장 중요한 것인지를 결정하고 자녀가 한 번에 한 가지 선택을 할 수 있도록 한다. 한 번에 여러 가지 선택을 한꺼번에 하도록 하는 것은 자녀에게 압박감을 느끼게 하므로 피해야 한다. 어린 유아기 자녀에게는 작은 선택권을 주고 조금 큰 아동기의 자녀에게는 큰 선택권을 준다.

다음의 예로 이해를 도울 수 있을 것이다.

사례 1 : 만 5세 된 아들이 유치원에서 하원하여 매일 잘 씻던 손을 씻지 않겠다고 하면 어떻게 할 것인가? 이때 부모의 목표는 먼저 손을 씻게 하는 것이다.

부모의 반응 : ____________________

____

두 가지 대안 중 선택권 주기의 예 : "너는 지금 손을 씻고 편안히 쉬거나 손을 씻지 않고 불편하게 아무것도 하지 않은 채로 있는 것 중에 선택할 수 있단다."

사례 2 : 초등학교 1학년생인 딸이 다음 날 학교 갈 가방을 챙기지 않는다. 이때 부모의 목표는 밤 9시 이전에 학교 갈 가방을 챙기게 하는 것이다.

부모의 반응 : ____________________

____

두 가지 대안 중 선택권 주기의 예 : 밤 9시 이전에 "너는 내일 학교 갈 가방을 지금 챙기거나 숙제를 다 마친 후 챙기는 것 중에 선택할 수 있단다."

사례 3 : 초등학교 1학년생인 딸이 젤리 봉지를 들고 TV 앞에 있다. 부모는 2시간 후에 저녁 식사를 할 예정이어서 딸이 젤리를 먹지 않기를 바란다.

부모의 반응 : ____

____

두 가지 대안 중 선택권 주기의 예 : "곧 저녁 식사를 할 거야. 너는 젤리를 세 개만 먹거나 젤리 봉지를 아예 엄마에게 주는 것 중에 선택할 수 있단다."

예시 : 초등학교 6학년생인 아들이 가정에서 정해진 요일에 분리배출을 담당하기로 하였다. 아들이 분리배출 요일을 자꾸 잊어버린다. 부모는 아들이 분리배출 책임을 다하기를 바란다. '긍정적인 언급'과 '부정적인 언급'을 모두 포함하여 반응한다면 다음과 같다.

부모의 반응 : "아들아, 네게 맡겨진 분리배출을 한다면 너는 오늘 저녁 식사 후 오늘 공개되는 네가 좋아하는 웹툰을 보기로 선택하는 것이다. 만일, 네가 분리배출에 참여하지 않기로 한다면 너는 웹툰을 보지 않기를 선택하는 것이다."

'긍정적인 언급'과 '부정적인 언급'을 하는 경우, 자녀의 선택에 대한 결과를 예측할 수 있어 선택과 결정에 더 도움이 될 것이다.

사례 4 : 만 6세의 아들이 거실에서 놀잇감을 가지고 논 후에 놀잇감을 치우지 않고 그대로 둔다. 부모는 아들이 놀잇감을 제자리에 정돈하기를 바란다. '긍정적인 언급'과 '부정적인 언급'을 다 하여 반응한다면 어떻게 해야 하는가?

부모의 반응 : "아들아, 네가 ____________ 하기로 선택한다면, 너는 ____ 하기로 선택하는 것이다. 만일, 네가 놀잇감을 제자리에 정돈하지 않기로 한다면, 너는 ____________________ 을 하지 않기로 선택하는 것이다."

앞의 사례들처럼 주어진 선택권을 거부한다면 자녀는 부모가 선택하도록 그 선택권을 미룬다는 것을 알려 준다. **"네가 만약 그렇게 하지 않는다면, 너는 엄마가 선택한 것을 따르겠다는 것이다. 어떻게 하겠니?"**(자녀가 어떤 의사표현을 할 때까지 인내심을 가지고 기다림. 어떤 의사표현도 하지 않는 경우) **"너는 엄마가 선택한 것을 따르기로 선택하였구나. 그럼, 숙제를 다 마친 후에 내일 학교 갈 가방을 챙기는 것으로 엄마는 선택했어. 이따 숙제 다 마치고 가방을 챙기도록 하렴."**

이 사례에서 자녀가 선뜻 선택을 한다면 부모는 즉시, 인정 및 수용의 뜻을 전한다. **"그래~ 그렇게 하기로 결정하였구나. 알겠어"**라고 하면 된다. 부모는 자녀에게 선택권을 부여할 때, 목소리에 아무 감정을 싣지 않아야 한다. 부모의 목소리에 화나 분노, 불신감을 싣는다면 자녀는 부모와 감정의 줄다리기를 할 수도 있다. 자녀는 부모에게 어떻게 해야 자신이 원하는 것을 얻게 되는지를 누구보다 잘 알고 있기 때문에 울거나 떼를 쓰며 부모를 자극하거나 통제하려 하기 때문에 부모는 평정심을 갖고 대처해야 한다.

모든 상황 및 사안에서 자녀에게 선택권을 주는 것은 아니다. 자칫, 오해석하여 영아기 자녀에게도 선택권을 부여하는 부모들을 가끔씩 만나게 된다. 이는 아직 뇌 발달의 미성숙으로 인지 발달이 충분치 않은 어린 자녀에게 무분별하게 선택권을 부여하여 오히려 부모의 권위를 훼손하거나 어린 자녀들에게 혼란을 가중시킬 수 있으므로 주의해야 한다. 자녀에게 선택권을 주어 의사결정을 하는 것은 유아기에 접어들었거나 영아 후기여도 인지적 발달이 충분한 아동의 경우 등을 고려하는 것이 좋다. 선택권을 부여할 때는 자녀의 의사가 존중되어야 하는 사안인 경우가 적합하다. 부모의 권위가 더 중요하여 지시를 해야 하는 경우에는 지시를 따르도록 하고, 자녀의 놀이 활동의 종류나 방법 등은 자녀의 의사가 더 중요하므로 선택권을 부여한다. 자녀에게 선택권 및 결정권을 부여할 때 잊지 말아야 할 것은 자녀에게 중요한 것인지, 장기적으로 효과가 있는 것인지, 스스로 선택한 결과에 책임감을 기를 수 있는 것인지, 부모-자녀의 안정적인 관계 형성, 자녀의 올바른 습관 기르기 등을 고려하여야 한다.

자신의 경험을 예로, 객관화해 보기

이 책을 읽는 여러분이 어렸을 때, 집에서 일어났던 일들을 바탕으로 한 가지 예를 적어 보고, 현재 부모가 된 입장에서 어린 시기 자신을 독립성과 책임감을 발달시키기 위한 긍정/부정의 선택을 적어 보자.

- 상황 : ____________________

____

____

____

- 긍정적인 선택 : ____________________

____

____

____

- 부정적인 선택 : ____________________

____

____

____

촬영된 특별놀이 동영상 Review 후 스스로 발견했거나 느낀 점을 자유롭게 적어 보자.

열 번째 회기

놀이 안에서 자녀의 경험 알아보기

자녀의 놀이 안에서 자녀의 감정은 어떠한지, 근심 · 걱정이 무엇인지를 살펴본다. 다음 사례를 통하여 점검해 보기를 연습해 본다.

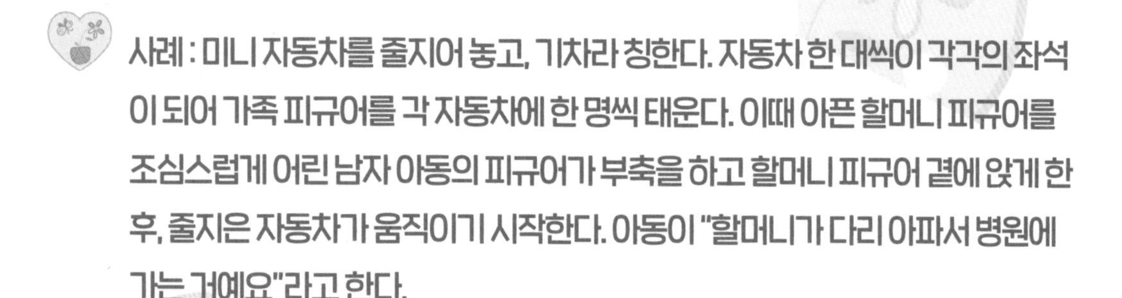

사례 : 미니 자동차를 줄지어 놓고, 기차라 칭한다. 자동차 한 대씩이 각각의 좌석이 되어 가족 피규어를 각 자동차에 한 명씩 태운다. 이때 아픈 할머니 피규어를 조심스럽게 어린 남자 아동의 피규어가 부축을 하고 할머니 피규어 곁에 앉게 한 후, 줄지은 자동차가 움직이기 시작한다. 아동이 "할머니가 다리 아파서 병원에 가는 거예요"라고 한다.

- 이 놀이를 하는 아동의 감정은 어떠한가?

- 이 놀이 안에서의 아동의 걱정은 무엇일까?

- 이 아동이 놀이 안에서 가장 집중하고 있는 것은 무엇인가?

- 이 아동의 문제 해결력은 어떠한가?

촬영된 특별놀이 동영상 Review 후
스스로 발견했거나 느낀 점을 자유롭게 적어 보자.

지금까지의 활동을 꾸준히 실행하고 점검한다면
부부 및 부모-자녀 관계가 더욱 긍정적으로 개선될 것이다.
필요에 따라 이 활동을 장기적으로 실행해 보아도 좋겠다.
그 안에서 더 많은 아이디어를 얻게 될 것이다.

Reference

마거릿 폴, 정은아 역(2013), 《내면아이의 상처 치유하기》, 서울 : 소울메이트.

민영배 · 오현숙 · 이주영(2021), 〈기질 및 성격검사 통합 매뉴얼 개정판〉, (주)마음사랑.

배선미(2021), 《정서중심 실천육아》, 서울 : 좋은땅 출판사.

배선미(2022), 《30분 놀이의 기적》, 서울 : 좋은땅 출판사.

임호찬(2014), 《부모양육태도검사 프로파일》, 서울 : 마인드프레스.

최규련(2012), 《가족대화법》, 서울 : 신정.

최영희(2006), 〈부모교육으로서의 부모놀이치료 효과에 대한 연구〉, 아동학회지 Korean journal of child studies (5) 1~17.

Cheryl Bodiford McNeil · Toni L, Hembree-Kigin 편저, 이유니 역(2013), 《부모-아동 상호작용치료》, 서울 : 학지사.

Garry L. Landreth, 유미숙 역(2015), 《놀이치료-치료관계의 기술》, 서울 : 학지사.

John Bradshaw, 오제은 역(2004), 《상처받은 내면아이 치유》, 서울 : 학지사.

MBTI 적용프로그램 D, (주)한국MBTI연구소.

Parent-Child Interaction Therapy's National Advisory Group Committee on Training(2008, October), *Parent-child interaction therapy's training guidelines*, Accessed from www.pcit.org on June 23, 2009.